校企合作职业教育精品教材

互联网+立体化活页式教材

Python 编程入门实践：从零基础到实战应用

主　编　余劲松　刘金玉　胡佳敏

副主编　张冬冬　陈天翔

電子工業出版社

Publishing House of Electronics Industry

北京 · BEIJING

内 容 简 介

本书从零开始介绍 Python 编程，精选编程案例，指导编程实践，详细讲解用 Python 进行程序开发应掌握的基本知识和技术。全书共有 10 章，包括 Python 概述、Python 基础、Python 数据类型、Python 选择结构、Python 循环结构、面向过程的基本应用、面向对象的基本应用、进程与线程的应用、软件开发可视化应用、综合项目开发等内容。本书以活页方式装订，便于知识重组和应用，以及实践项目的关联和拓展。本书结合虚拟数字仿真硬件平台，有助于初学者加深对语言技术点的理解；通过调用 Python 语言的基础调用包，使初学者可以开展技能实践和体验板载效果，在学习语言的同时了解语言的真实应用场景。

图书在版编目（CIP）数据

Python 编程入门实践：从零基础到实战应用 / 余劲松，刘金玉，胡佳敏主编. —北京：电子工业出版社，2023.12

ISBN 978-7-121-46988-6

Ⅰ. ①P… Ⅱ. ①余… ②刘… ③胡… Ⅲ. ①软件工具－程序设计 Ⅳ. ①TP311.561

中国国家版本馆 CIP 数据核字（2024）第 014057 号

责任编辑：王艳萍
印　　刷：三河市良远印务有限公司
装　　订：三河市良远印务有限公司
出版发行：电子工业出版社
　　　　　北京市海淀区万寿路 173 信箱　　　邮编：100036
开　　本：787×1092　1/16　印张：16.75　字数：301 千字
版　　次：2023 年 12 月第 1 版
印　　次：2023 年 12 月第 1 次印刷
定　　价：55.00 元

凡所购买电子工业出版社图书有缺损问题，请向购买书店调换。若书店售缺，请与本社发行部联系，联系及邮购电话：（010）88254888，88258888。

质量投诉请发邮件至 zlts@phei.com.cn，盗版侵权举报请发邮件至 dbqq@phei.com.cn。

本书咨询联系方式：010-88254609，hzh@phei.com.cn。

前言

本书充分贯彻落实党的二十大精神，遵循“职教 20 条”的要求和指导方针，积极响应国家职业教育改革的号召，注重将理论知识与实践技能相结合。本书以培养具备综合职业能力的高素质劳动者为目标，致力于推进职业教育新形态教材建设，立足行动导向，坚持校企“双元”合作，充分结合行业发展需求，注重融入行业的新知识、新技术、新工艺、新方法，以专业教学标准为基本依据，确保教材的专业性和实用性。本书坚持以学生为中心的理念，注重培养学生的动手能力、解决问题能力及合作与沟通能力，旨在培养德才兼修、素质高、技术强的新一代职业人才。

编程思维是一种解决问题的方式和逻辑，不局限于编程领域，在现代社会中无处不在。对学习 Python 的初学者来说，培养良好的编程思维非常重要。本书以学生的需求为导向，注重实践和应用，紧密结合实际需求和应用场景，引入实用案例和项目，帮助学生快速掌握 Python 编程技能，培养良好的编程思维。

本书引入物联智能硬件，通过将编程思维可视化，降低编程入门的难度。学生可以通过智能硬件直观地理解编程的概念和原理，将抽象的代码与实际应用场景联系起来，从而使教学过程更加生动有趣，激发学生的学习兴趣，帮助学生轻松入门编程，快速掌握 Python 的基础知识和技巧。

本书可以在注重培养编程思维、编程技能的同时，帮助学生构建 Python 编程知识体系，有助于学生在更高层次上进行深入学习和应用，并快速掌握新的编程概念和技术，以满足当前 IT 行业和中高职院校培养应用技术型人才的需要。

本书是一本适合初学者的 Python 编程用书，全书共分为 10 章，每章都涵盖了 Python 编程的关键概念和实践案例。

第 1 章介绍 Python 编程的基本概述，包括 Python 的优势和应用领域，以及开发环境的搭建方法，同时介绍编程实践和应用拓展的环境。

第 2 章重点介绍 Python 的基础应用，包括变量、常量、数字、字符串、函数和模块的使用方法。此外，本章还提供两个实战案例，分别是糖果游戏和显示温控大棚环境数据。

第 3 章详细介绍 Python 的各种数据类型，包括列表、元组、字典、集合和布尔型。此外，本章还提供两个实战案例，分别是随机分配办公室和获取智能酒店设备状态。

第 4 章和第 5 章分别介绍选择结构和循环结构的使用方法。选择结构包括 if 语句、else 语句和 elif 语句，循环结构包括 for 循环和 while 循环。每章各提供两个实战案例，让学生通过实践来巩固所学知识。

第 6 章介绍面向过程的基本应用，包括函数的概念和定义、常用函数的使用、异常的捕获与处理，以及自定义模块和常用模块的使用。两个实战案例分别是图书管理系统和智能闹钟功能。

第 7 章引入面向对象的编程概念，包括类、对象、属性、继承、多态和抽象的概念和使用方法。两个实战案例分别是打敌人游戏和家庭安全“防盗”。

第 8 章介绍进程与线程的应用，包括进程开发和线程开发的方法。两个实战案例是多人聊天室开发和夏季智慧除湿防暑。

第 9 章介绍软件开发可视化应用，包括桌面端软件开发、可视化小游戏开发和数据可视化开发的方法。两个实战案例是游戏进度条开发和汽车过境红绿灯模拟。

第 10 章是综合项目开发，介绍如何根据项目需求进行项目设计、程序代码实现和功能调试，并提供一个完整的综合项目开发实例。

本书从零开始，详细介绍了 Python 编程的各个方面，并通过实战案例帮助学生掌握实际应用技巧。无论是初学者还是有一定编程经验的读者，都可以通过本书快速掌握 Python 编程的基本知识和应用技巧。本书第 1 章由胡佳敏负责编写，第 2、3、4、5 章由余劲松负责编写，第 6 章由陈天翔负责编写，第 7、8、9 章由刘金玉负责编写，第 10 章由张冬冬负责编写，参加本书编写的人员还有龙菲、吴凤乐、刘温秋、周冬斑、石奇亮、蔡央央、刘元婧。

本书可作为职业院校及培训学校计算机及相关专业的用书，也可作为从事 Python 程序开发工作的相关人员的参考用书。

由于 Python 编程技术涵盖的内容多，技术更新快，加上编者水平有限，书中难免存在疏漏和不妥之处，恳请广大读者批评指正。

目 录

第1章 Python 概述

学习目标

■ 了解 Python 的历史、特点、应用场景
■ 掌握 Python 开发环境的搭建
■ 会使用 Python 交互模式编写代码
■ 会在 IDLE 中编写 Python 代码
■ 掌握 PyCharm 的使用方法

学习重点和难点

■ 在 Windows 操作系统中搭建 Python 开发环境
■ 通过 Python 的交互模式、文件方式编写程序
■ PyCharm 的使用方法

思维导图

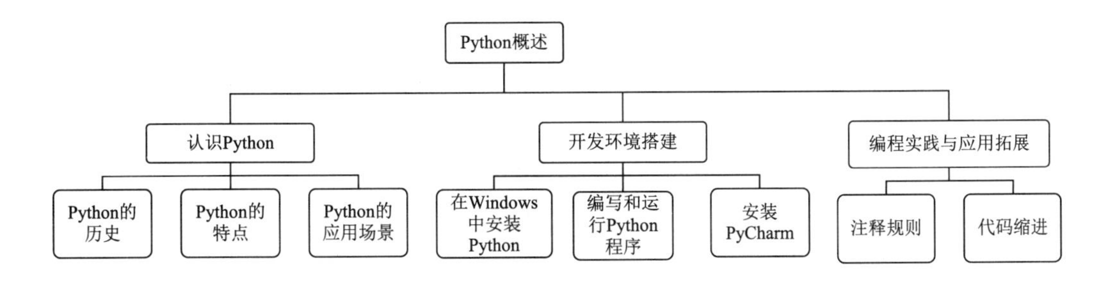

1.1 认识 Python

初识 Python

知识精讲

一、Python 的历史

1989 年，为了打发无聊的圣诞节假期，Python 之父 Guido van Rossum 开发了一门解释型编程语言——Python。Python 的发展历程如图 1-1 所示。

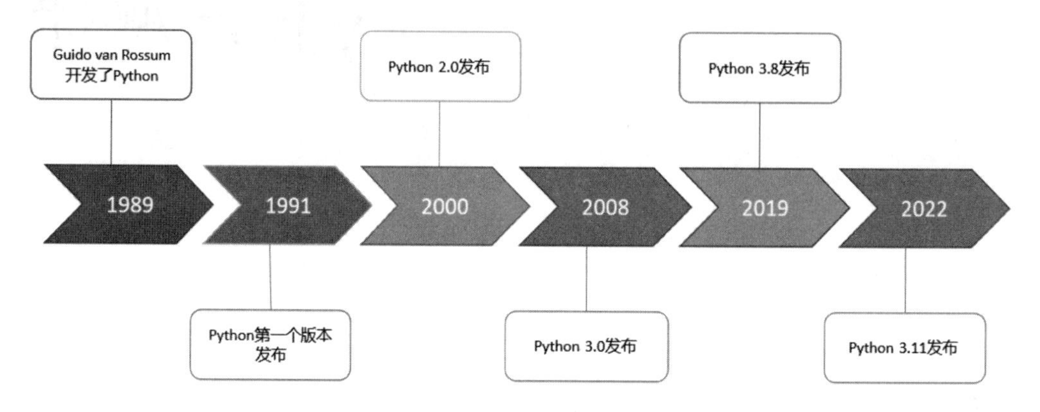

图 1-1 Python 的发展历程

Python 自发布以来，主要经历了 3 个版本的变化，分别是 1994 年发布的 Python 1.0 版本、2000 年发布的 Python 2.0 版本和 2008 年发布的 Python 3.0 版本。在 2022 年发布的 Python 3.11 版本，包含了许多新的功能和优化。

> 说明：Python 有多个版本，其中最常见的是 Python 2.x 和 Python 3.x。这两个版本在语法和功能上有一些不同，因此并不能完全兼容。

二、Python 的特点

Python 之所以能受到用户的欢迎，是因为它有很多优点。Python 的主要特点如图 1-2 所示。

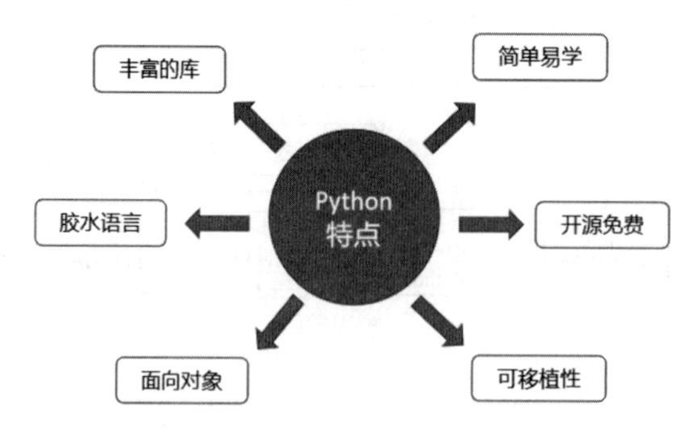

图 1-2 Python 的主要特点

1．简单易学

Python 中的关键词（有时称为关键字）较少，结构简单，程序设计较贴近生活，因此学习起来比较简单。

2．开源免费

Python 的使用和开发是完全免费的，用户可以自行在网上获取 Python 源代码，也可以将其用于自己的程序中。

3．可移植性

Python 解释器已被移植在许多平台上，Python 程序无须经过修改就可以在多个平台上运行。

4．面向对象

与 C++和 Java 等语言相比，Python 以强大而简单的方式实现面向对象的编程。

5．胶水语言

Python 程序可以用多种形式和其他编程语言编写的程序组合在一起。标准版本的 Python 可以调用 C 语言，并借助 C 语言的接口驱动调用所有编程语言。

6．丰富的库

Python 的标准库非常多，用户不需要安装就可以直接使用，从而提升开发和处理各种工作的效率。

说明： Python 还具有简洁明确、易学易用、开发效率高、跨平台性强、社区支持丰富和应用广泛等特点，使其成为众多开发者的首选语言。

三、Python 的应用场景

Python 作为一种功能强大并且简单易学的编程语言广受用户的喜爱，那么 Python 能做些什么呢？

1．Web 开发

Python 的一个基本应用是 Web 开发，国内使用 Python 开发基础设施的公司包括豆瓣、饿了么、美团等。在国外，谷歌公司在其网络搜索系统中广泛地使用了 Python，YouTube 视频分享服务大部分也是用 Python 编写的。

2．大数据处理

近几年大数据兴起，Python 借助其第三方大数据处理框架，可以轻松地开发大数据处理平台。目前，Python 是金融开发、量化交易领域中使用最多的语言之一。

3. 人工智能

人工智能（AI）已经成为当今世界的热门话题，它的应用范围越来越广泛。其中，Python 成为最受 AI 开发者欢迎的编程语言之一。Python 提供了许多功能强大的库和框架，大大简化了开发者的工作。机器学习是人工智能的核心，Python 拥有许多流行的机器学习库，在机器学习中发挥了关键作用。

4. 自动化运维开发

自动化运维即编写自动化脚本，使 IT 运维人员能够实现日常维护和管理的自动化，从而提高效率和准确性。这种自动化通常使用 Python 编写脚本实现，涉及各种 IT 任务，如服务器配置、部署、监控、日志分析、备份、恢复等。

5. 云计算

云平台是支撑一切云计算服务的基础架构，能够在计算机网络的基础上提供各种计算资源的统一管理和动态分配，从而达到实现云计算的目的。Python 作为一门开源、跨平台的语言，具有可移植性强、可扩展性强及第三方库丰富的特点，在大数据处理、云计算等方面有着无与伦比的优势。目前非常流行的云计算框架 OpenStack 就是基于 Python 开发的，谷歌应用引擎（Google APP Engine）也是围绕 Python 构建的。

6. 游戏开发

Python 提供了一个名为 pygame 的内置库，用来开发游戏。pygame 是一个用于设计视频游戏的跨平台库，包括计算机图形和声音库，能够为用户提供标准的游戏体验。开发者可以使用 pygame 来制作游戏的图形、动画和声音。

1.2 开发环境搭建

Python 开发环境

知识精讲

在使用 Python 进行编程之前，需要先搭建一个 Python 开发环境。本节将介绍 Python 和 PyCharm 的安装。

一、安装 Python

在 Python 官方网站中可以下载 Python 安装包，如图 1-3 所示。推荐下载的 Python 版本为 Python 3.11.3，因为它的功能更加强大，操作也更加方便。

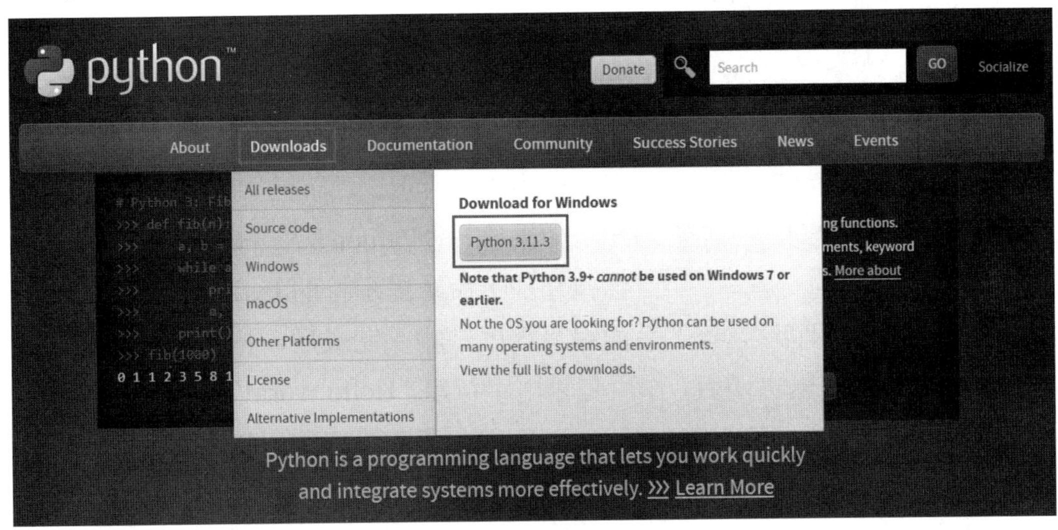

图 1-3　Python 官方网站

在这个安装包里有 Python 解释器、简易的集成开发环境（IDLE），以及命令行交互环境（Python Shell）。

在下载完成后就可以安装 Python 了，在安装过程中，注意勾选“Add python.exe to PATH”复选框，将 Python 的安装路径添加到环境变量 PATH 中，从而在任意文件夹下使用 Python 命令。单击“Install Now”按钮即可进行安装，如图 1-4 所示。

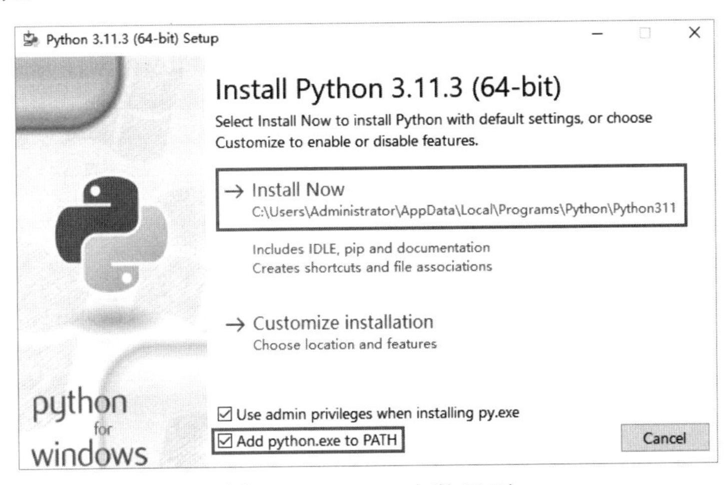

图 1-4　Python 安装界面

二、编写和运行第一个 Python 程序

在搭建完 Python 开发环境后，就可以动手编写和运行第一个 Python 程序了。编写和运行 Python 程序主要有两种方式：交互方式、文件方式。

1．交互方式

图 1-5 “Python 3.11”文件夹

Python 安装包包含交互式运行工具（Python Shell），在安装好 Python 后，单击“开始”菜单按钮，找到并打开“Python 3.11”文件夹，如图 1-5 所示。

如果选择“Python 3.11（64-bit）”选项，则会打开基于命令提示符的 Python Shell。用户可以在代码输入提示符“>>>”后面编写程序，输入完成后，按回车键运行。此处的 print()函数是输出函数，作用是输出字符串“Hello World”，如图 1-6 所示。

图 1-6 编写 Python 程序

如果选择“IDLE（Python 3.11 64-bit）”选项，则会启动基于 IDLE 的 Python Shell，编写和运行的方式同上，运行结果如图 1-7 所示。IDLE 提供了文本编辑器功能的菜单，对于关键词会高亮显示，因此 Windows 操作系统的用户大多使用 IDLE。

```
IDLE Shell 3.11.3
File  Edit  Shell  Debug  Options  Window  Help
    Python 3.11.3 (tags/v3.11.3:f3909b8, Apr  4 2023, 23:49:59) [MSC v.1934 64 bit (
    AMD64)] on win32
    Type "help", "copyright", "credits" or "license()" for more information.
>>> print("Hello World")
    Hello World
>>> |
```

图 1-7 Python 程序运行结果（1）

2．文件方式

使用 IDLE 不仅可以以交互的方式编写和运行代码，还可以新建并打开 Python 文件，运行 Python 文件中的代码。

如果新建 Python 文件，则需要在 IDLE Shell 窗口中选择“File”→“New File”选项，编辑并保存 Python 文件，选择“Run”→“Run Module”选项，运

行程序。此时，IDLE Shell 窗口中将显示 Python 程序的运行结果，如图 1-8 所示。

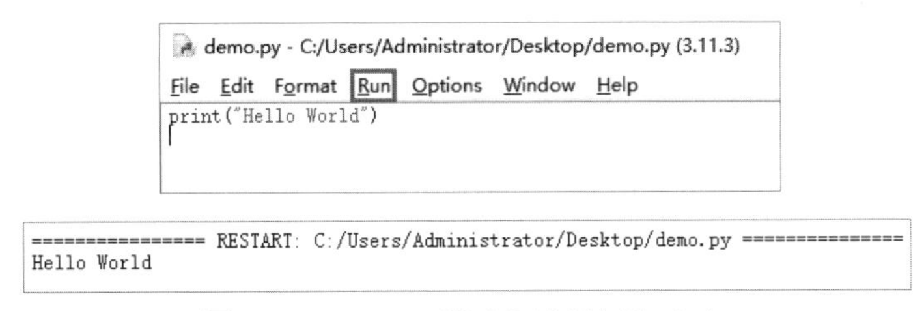

图 1-8 Python 程序运行结果（2）

三、安装 PyCharm

PyCharm 是 JetBrains 公司打造的一款 Python 集成开发环境，支持 Windows、Linux 和 macOS 操作系统。该环境带有一整套可以帮助用户在使用 Python 进行开发时提高效率的工具，比如调试、语法高亮、项目管理、代码跳转、智能提示、自动完成、单元测试、版本控制。

1. 下载 PyCharm

打开 JetBrains 官方网站，如图 1-9 所示。其中“Professional”表示专业版，“Community”表示社区版。作为初学者，推荐下载免费试用的社区版。

图 1-9 JetBrains 官方网站

2. 安装 PyCharm

（1）运行安装程序，修改安装路径。

（2）勾选“PyCharm Community Edition”复选框，创建桌面快捷方式。

（3）勾选“Add ‘bin’ folder to the PATH”复选框，将启动器目录添加到环境变量中，如图 1-10 所示。

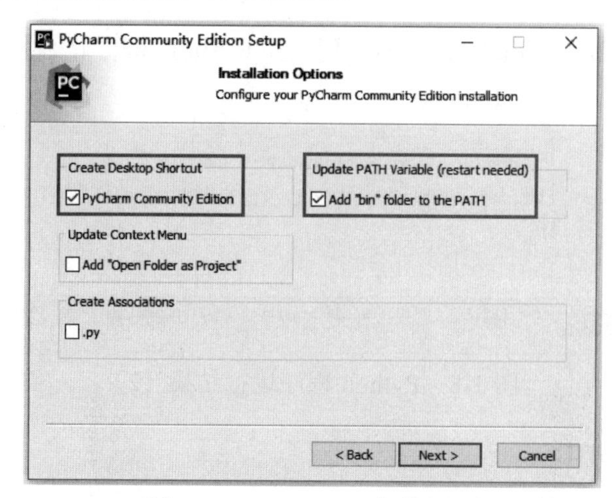

图 1-10　PyCharm 安装界面

3．创建 Python 文件

（1）打开 PyCharm，初始界面如图 1-11 所示，单击“New Project”按钮，创建新项目。

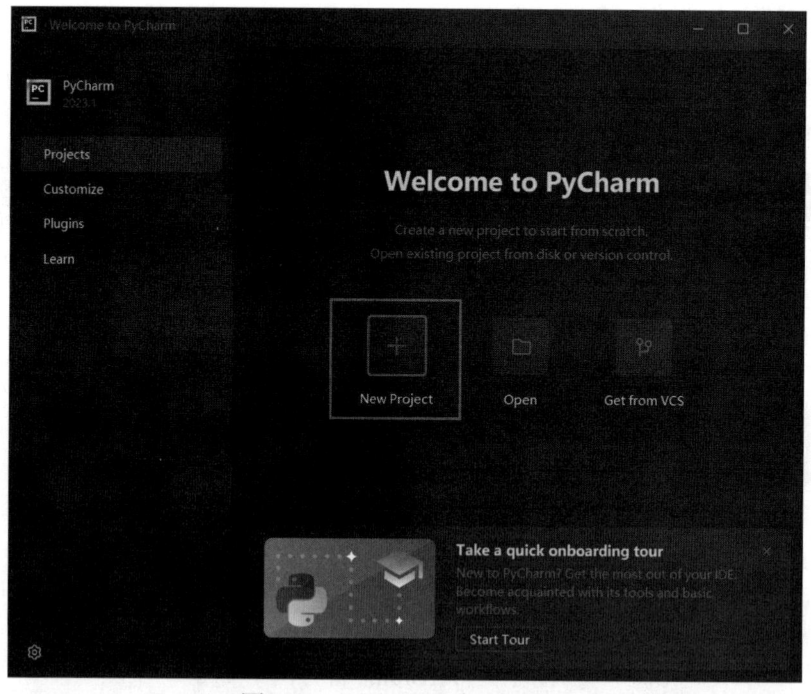

图 1-11　PyCharm 初始界面

（2）在“New Project”界面中，可以使用本地 Python 解释器环境，也可以使用虚拟环境。本地环境是指在自己计算机上运行已经安装好的 Python 环境；虚拟环境是指为每个项目创建一个隔离的环境，在该环境中安装项目所需的各种 Python 包对其他 Python 项目无影响。

推荐使用本地环境的方法，在“Location”文本框中输入文件保存的路径，选中“Previously configured interpreter”单选按钮，单击“Add Interpreter”按钮，添加接口，选择“Add Local Interpreter”选项，添加本地接口，如图 1-12 所示。在弹出的对话框中单击“System Interpreter”按钮，即可自动找到已安装的 Python 接口，在确认后可以看到“Interpreter”下拉列表中显示“Python 3.11”，如图 1-13 所示，单击“Create”按钮，创建基于本地环境的 Python 项目。

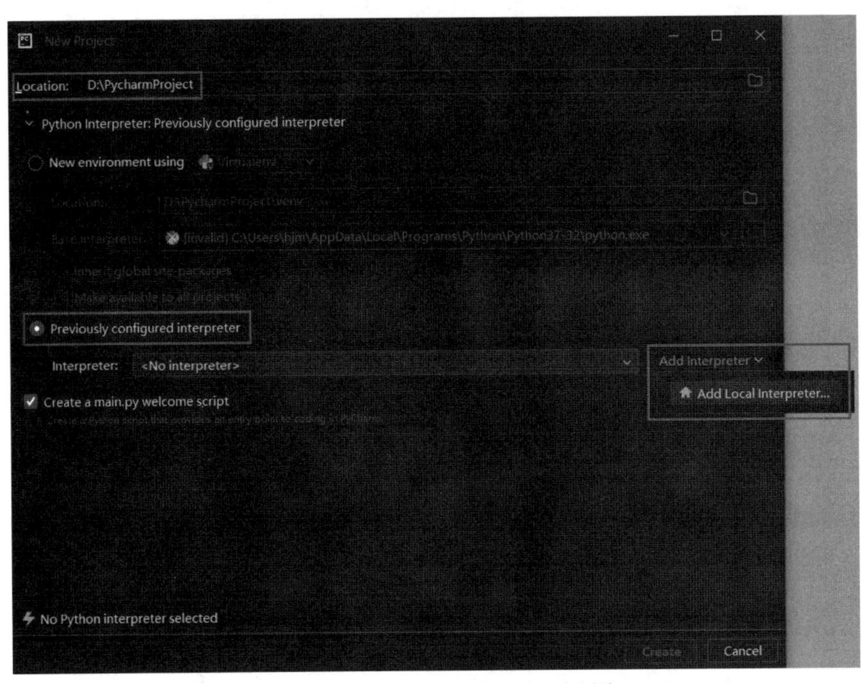

图 1-12　“New Project”界面

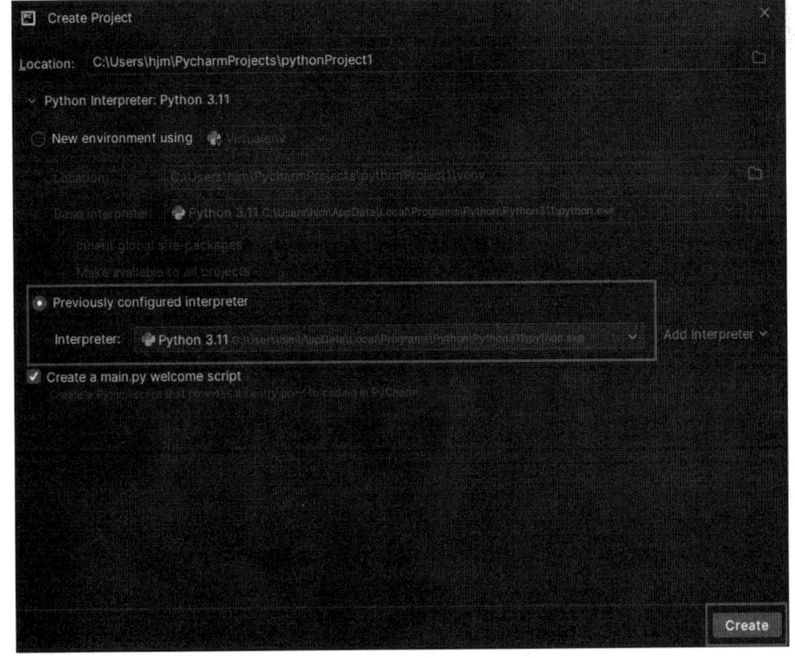

图 1-13　“Creat Project”界面

如果使用虚拟环境创建 Python 项目，则要在“Location”文本框中输入文件保存的路径，选中“New environment using”单选按钮，保持默认选项“Virtualenv”，如图 1-14 所示。

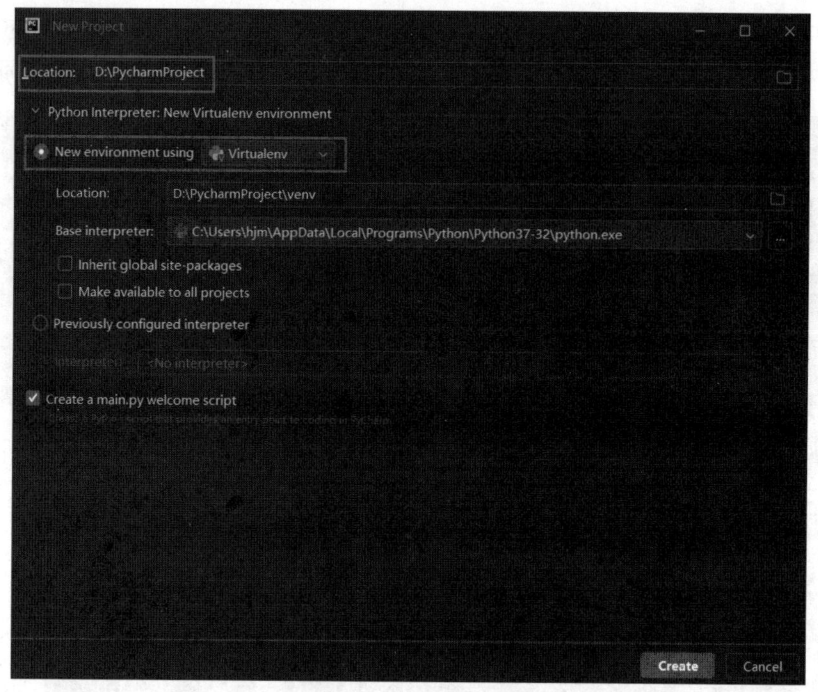

图 1-14 使用虚拟环境创建 Python 项目

（3）右键单击项目名称，选择“New”→“Python File”命令，即可创建 Python 文件，如图 1-15 所示。

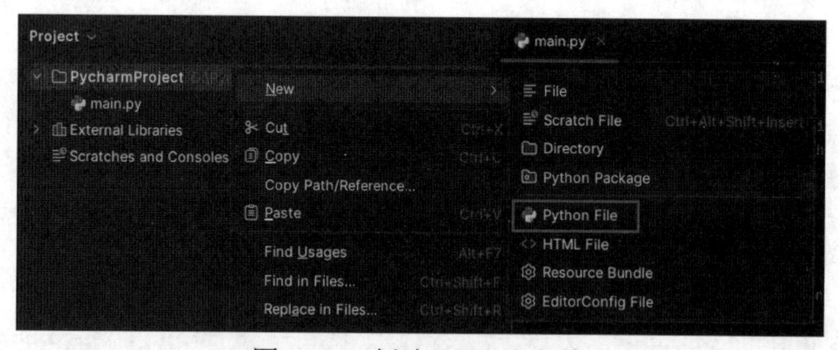

图 1-15 创建 Python 文件

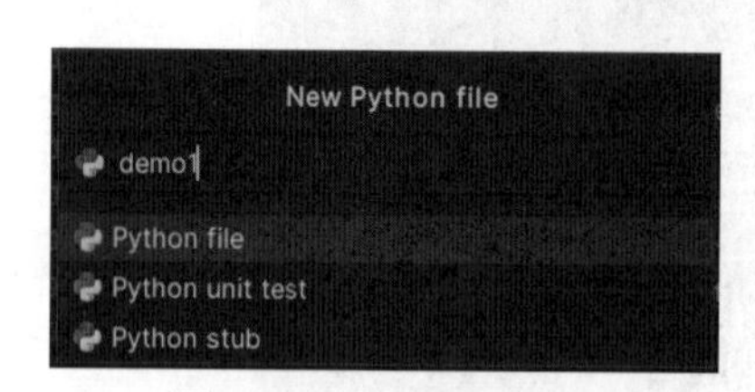

图 1-16 设置文件名

（4）在弹出的对话框中输入文件名，选择“Python file”选项，如图 1-16 所示，按回车键，Python 文件创建完成。

（5）PyCharm 的工作界面如图 1-17 所示，添加代码后，在界面的右上角选择需要运行的文件，单击运行按钮▶，开始运行程序，结果会显示在运行结果显示区中。

图 1-17　PyCharm 的工作界面

1.3　编程实战与应用拓展

开发板介绍

知识精讲

对于初学者，Python 会比较陌生，而每种语言都有自己的语法特点，因此学习 Python 需要了解它的编程习惯和规则，打好基础、勤写代码，保持学习的连续性，并且进行一些实战演练，这样一定能学好 Python。

一、Python 注释

注释是用来给代码添加解释和说明的文本，它不会被解释器执行。注释可以帮助他人理解代码，也可以帮助开发者回顾代码的用途和逻辑。

1. 单行注释

单行注释以#开头。单行注释用于单独一行，也可以放在语句或表达式的末尾。

```
print("Hello World!") #打印"Hello World!"
```

2. 多行注释

多行注释使用 3 个单引号（'''）或 3 个双引号（"""）将注释的内容括起来。

```
'''
使用 3 个单引号的多行注释
```

```
作者：A
时间：2023/5/9 10:10
'''

"""
使用3个双引号的多行注释
作者：B
时间：2023/6/9 12:13
"""
```

二、Python 代码缩进

Python 与其他语言最大的区别，也是 Python 的一个特色，是用缩进来编写模块。

缩进空格数决定代码的作用域范围，空格数是可变的，可以是单个制表符、两个空格、4 个空格，但所有代码块必须包含相同的缩进空格数，不能混用，在 Python 中必须严格执行。

以下代码采用了正确的缩进，使用的是单个制表符。

```
if True:
    print("真")
else:
    print("假")
```

以下代码由于没有严格缩进，因此会在程序运行时出错，结果如图 1-18 所示。

```
if True:
    print("真")
    print("下一步")
else:
    print("假")
  print("退出")
```

```
File "C:/Users/Administrator/Desktop/第1章/demo1.py", line 6
    print("退出")
               ^
IndentationError: unindent does not match any outer indentation level
```

图 1-18 错误提示

> **注意：**在 Python 中，代码缩进是非常重要的，因为它是表示代码块和控制结构的一种方式。Python 使用缩进来标识代码块的开始和结束，并且要求同一个代码块中的每一行都有相同的缩进级别。

三、尝试编程

1．在交互式环境中尝试“加减乘除”，运行结果如图 1-19 所示。

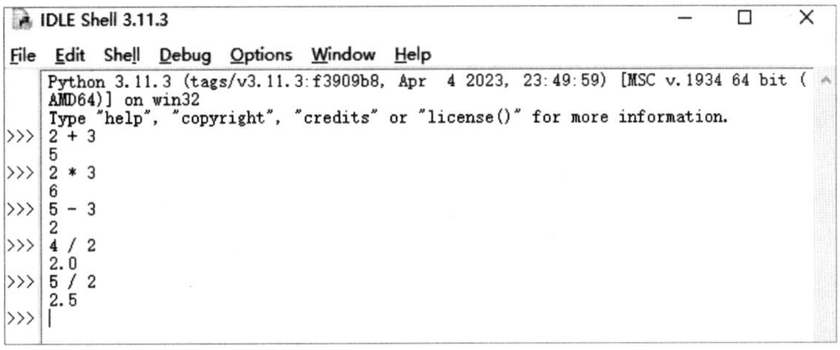

```
IDLE Shell 3.11.3
File Edit Shell Debug Options Window Help
Python 3.11.3 (tags/v3.11.3:f3909b8, Apr  4 2023, 23:49:59) [MSC v.1934 64 bit (
AMD64)] on win32
Type "help", "copyright", "credits" or "license()" for more information.
>>> 2 + 3
5
>>> 2 * 3
6
>>> 5 - 3
2
>>> 4 / 2
2.0
>>> 5 / 2
2.5
>>> |
```

图 1-19　“加减乘除”运行结果

2．用文件方式尝试“输入与输出”，如图 1-20 所示。

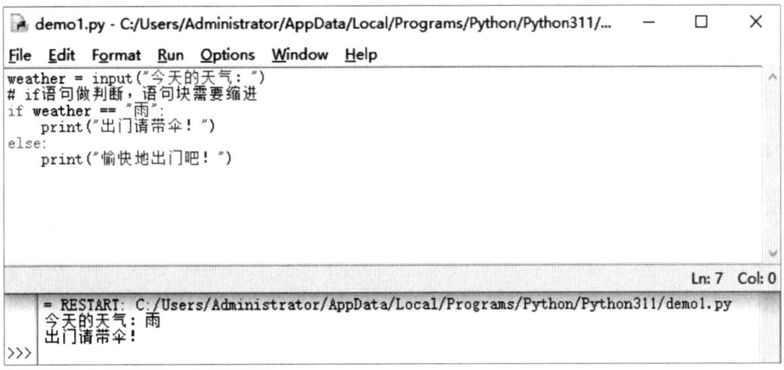

```
demo1.py - C:/Users/Administrator/AppData/Local/Programs/Python/Python311/...
File Edit Format Run Options Window Help
weather = input("今天的天气：")
# if语句做判断，语句块需要缩进
if weather == "雨":
    print("出门请带伞！")
else:
    print("愉快地出门吧！")
                                                    Ln: 7  Col: 0
= RESTART: C:/Users/Administrator/AppData/Local/Programs/Python/Python311/demo1.py
今天的天气：雨
出门请带伞！
>>>
```

图 1-20　“输入与输出”运行结果

四、数字虚拟教学仿真硬件平台介绍

数字虚拟教学仿真硬件平台是一款配套 C 语言、Python 语言等专业基础课程实训的硬件平台，如图 1-21 所示。板载资源包括人体红外传感器、LCD 显示屏、光照度传感器、温湿度传感器、直流风扇、红黄绿三色 LED 灯、蜂鸣器和扩展 IO 等资源，可以配合 C 语言、Python 语言开展丰富的实验，有助于初学者加深对语言的理解。通过调用提供 C 语言和 Python 语言的基础调用包，初学者可以实践技能和体验板载效果，如使用循环结构控制流水灯、使用条件选择结构来扩展传感器和设备联动等，在学习语言的同时了解语言的真实应用场景。每章的“实战 2”均采用该平台开发符合真实应用场景的案例，提升初学者的编程能力。

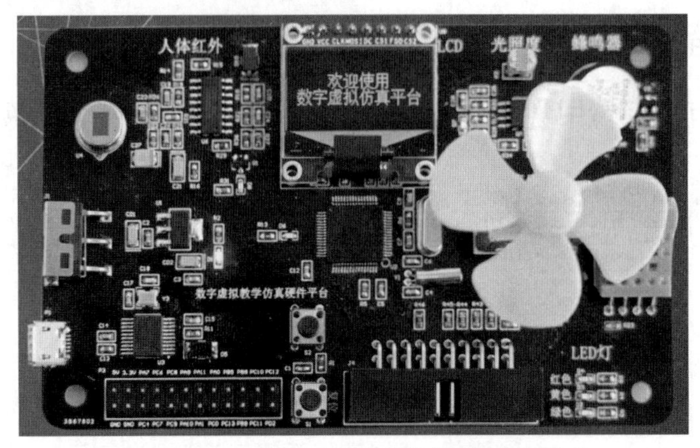

如图 1-21　数字虚拟教学仿真硬件平台

本章小结

Python 自发布以来，主要经历了 4 个版本的变化，Python 1.0 版本、2.0 版本、3.0 版本，本书使用的是 Python 3.11 版本。Python 有简单易学、开源免费、可移植、面向对象、胶水语言、丰富的库这些特点。Python 的应用场景包括 Web 开发、大数据处理、人工智能、自动化运维开发、云计算、游戏开发等。在使用 Python 进行编程前，需要先搭建一个 Python 开发环境，也可以使用 Python 集成开发环境提高开发效率。在 Python 编程中，要学会使用注释，也要注意缩进这一 Python 独有的特点，了解 Python 编程规则并勤加练习。

第 2 章

Python 基础

学习目标

■ 理解变量和常量的概念与作用

■ 熟悉变量和常量的命名规范

■ 掌握数字、字符串的概念及表示方法

■ 了解和使用常用函数与模块

学习重点和难点

■ 使用字符串进行索引、连接、截取等操作

■ 输入和输出函数

■ 编写简单的 Python 程序，理解顺序程序结构

思维导图

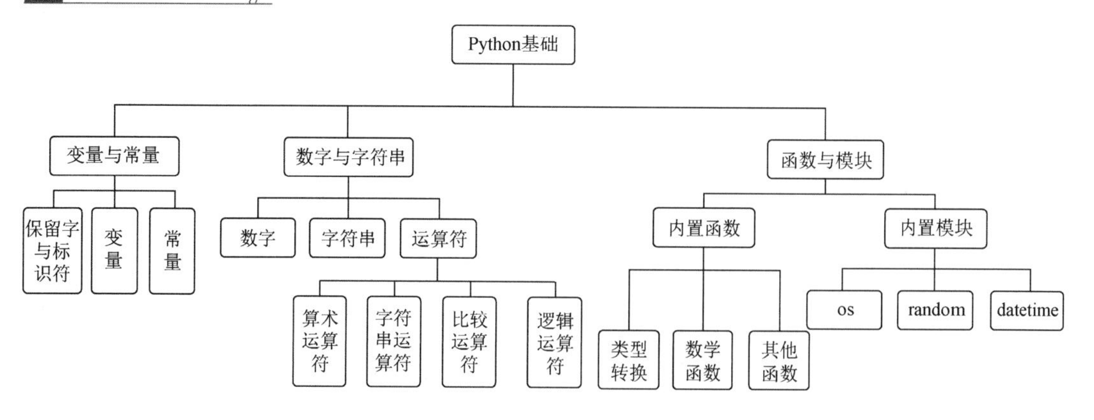

本章导论

常量、变量、数字和字符串是 Python 编程基础中的重要概念。常量是不可以改变的数据，变量是可以改变的数据，可以理解为一个存储空间。数字类型包括整型、浮点型、复数型等，Python 支持数学运算、逻辑运算、位运算等。字符串是一串字符序列，可以使用单引号、双引号、三引号表示，Python 支持字符串拼接、截取、替换、查找等操作。Python 内置函数和模块是一组预定义的函数和工具集，用于完成各种常见的任务和操作。

2.1 变量与常量

变量使用

知识精讲

一、变量

变量是程序设计中最基本的概念之一，创建变量时会在内存中开辟一个空间，用来存储变量的值。在 Python 中，变量可以存储不同类型的数据，如数字、字符串、列表等。

1. 变量的定义和赋值

Python 中的变量定义和赋值使用等号（=）操作符，语法格式如下。

```
变量名=值
```

举例如下。

```
nickname="青春就得拼"
mark=100
```

在这个例子中，定义了两个变量 nickname 和 mark，分别赋值为“青春就得拼”和 100。

> 说明：变量就像一个盒子，可以存放不同的物品，变量的名称就像盒子上的标签。在 Python 程序中，通过变量名来访问和操作变量中存储的数据，就像通过盒子上的标签来找到正确的盒子并存取物品。

在 Python 中，变量是没有类型的，它只是一个存储数据的容器，通常所说的“类型”是指变量所存储数据的类型。同一个变量名存储的数据类型可以随时变换，示例如下。

```
character_level=1
character_level="青铜"
```

变量 character_level 的数据从数字类型变成了字符串类型。

> 注意：Python 中的每个变量在使用前都必须赋值，只有被赋值以后才会被创建。

2. 保留字与标识符

保留字在编程语言中被定义为具有特定含义的单词，不能用作变量名或函数名等标识符。Python 中的保留字如表 2-1 所示。

表 2-1 Python 中的保留字

and	as	assert	async	await	break	class
continue	def	del	elif	else	except	finally
for	from	global	if	import	in	is
lambda	nonlocal	not	or	pass	raise	return
try	while	with	yield	False	None	True

Python 中的保留字可以通过代码查看，如图 2-1 所示。

```
>>> import keyword
>>> keyword.kwlist
['False', 'None', 'True', 'and', 'as', 'assert', 'async', 'await', 'break', 'class', 'continue', 'def', 'del', 'elif',
 'else', 'except', 'finally', 'for', 'from', 'global', 'if', 'import', 'in', 'is', 'lambda', 'nonlocal', 'not', 'or',
'pass', 'raise', 'return', 'try', 'while', 'with', 'yield']
>>> |
```

图 2-1 查看 Python 中的保留字

> 注意：Python 中的保留字是区分字母大小写的。例如，True 是保留字，但 true 不是保留字。

标识符是开发者自己定义的名称，用于表示变量、函数、类、对象。Python 中的标识符命名规则如下。

- 标识符由字母、数字和下画线组成，并且不能以数字开头。
- 标识符区分字母大小写。
- 标识符不能使用 Python 中的保留字。
- 标识符的长度没有限制。

在 Python 中，建议使用小写字母来命名变量和函数，使用大写字母来命名常量。如果标识符由多个单词组成，则可以遵循以下命名规则。

- 大驼峰命名法：每一个单词首字母大写，如 GetName、CalculateAge。
- 小驼峰命名法：第一个单词首字母小写，其余单词首字母大写，如 getName、calculateAge。
- 下画线命名法：单词均小写，单词之间使用下画线连接，如 get_name、calculate_age。

在 Python 中，标识符的命名应该符合上述规则，以保证程序的正确性和可读性。

二、常量

常量是在程序中固定不变的值。在 Python 中，可以使用大写字母来表示常量，但实际上 Python 中并没有真正的常量，因此开发者仍然可以修改常量的值。以下是一些常用的常量。

```
PI = 3.14159265358979323846      # 圆周率
MAX_VALUE = 100                  # 最大值
```

三、赋值运算符

赋值运算符主要用来给变量赋值。普通赋值运算符的符号是等号（=）。在赋值运算中，等号左侧是变量名，等号右侧是要赋给变量的值。需要注意的是，赋值运算是从右向左执行的，因此等号右侧的表达式会在赋值之前被计算，示例如下。

```
x=10+5
```

先计算 10+5 的值为 15，再将 15 赋给变量 x。

除了普通的赋值运算符，还有一些其他形式的赋值运算符，如加等（+=）、减等（-=）、乘等（*=）和除等（/=）等。这些运算符会先将右侧的值与左侧的变量进行运算，再将其赋值给左侧的变量。常用的赋值运算符如表 2-2 所示。

表 2-2 常用的赋值运算符

赋值运算符	说 明	举 例
=	简单的赋值运算	x=10
+=	加赋值	x+=1 等价于 x=x+1
-+	减赋值	x-=1 等价于 x=x-1
*=	乘赋值	x*=2 等价于 x=x*2
/=	除赋值	x/=2 等价于 x=x/2
%=	取余赋值	x%=2 等价于 x=x%2
**=	幂赋值	x**=2 等价于 x=x**2
//=	取整赋值	x//=2 等价于 x=x//2

编程练习

例 2-1-1：自定义编程角色。请编写一个程序，分别用变量定义昵称、等级、积分，并输出各变量的值。

【解题思路】

1．定义有意义的变量名，简洁直观且不要太长，尽量使用英文名称，如 nickname、level 等，当变量名中含有两个或以上的单词时，单词之间可以使用下画线连接，如 character_level。

2．使用输出函数 print()将结果输出。

print()是 Python 内置函数，用于输出信息，可以输出字符串、数字等类型的数据，其基本语法如下。

```
print(value, …, sep=' ', end='\n', file=sys.stdout, flush=False)
```

其中，value 参数表示要输出的信息，可以是字符串、数字、列表、元组等数据，多个 value 参数之间用逗号隔开。sep 参数表示多个 value 参数之间的分隔符，默认为一个空格。end 参数表示输出信息的结尾，默认为一个换行符。file 参数表示输出信息的目标文件，默认为标准输出流。flush 参数表示是否强制刷新输出缓冲区，默认为 False。

程序参考代码如下。

```
nickname="有种努力叫奋斗"
mark=60
character_level="青铜"
print(nickname)
print(mark)
print(character_level)
print("我的昵称是：",nickname,"我的等级是：",character_level)
```

程序运行结果如下。

```
有种努力叫奋斗
60
青铜
我的昵称是： 有种努力叫奋斗 我的等级是： 青铜
```

例 2-1-2：使用变量来存储用户账号和密码。请编写一个程序，要求输入用户账号和密码，使用变量存放用户账号和密码，并输出变量的值。

【解题思路】

1．使用输入函数 input()接收用户的输入。

input()函数用于从用户处获取输入信息，通常用于与用户进行交互，其基本语法如下。

```
input(prompt)
```

其中，prompt 参数表示提示信息，用于告诉用户应该输入什么信息。如果不提供该参数，则会显示一个空字符串。input()函数会等待用户输入信息，并将其作为字符串返回。

2．将 input()函数的输入结果保存在变量中。

3．使用输出函数 print()将结果输出。

程序参考代码如下。

```
username = input('请输入你的账号：')
password = input('请输入你的密码：')
print("您的账号是：" , username , "，密码是：" , password)
```

程序运行结果如下。

```
请输入你的账号：勇往直前
请输入你的密码：Y_Y_D_S
您的账号是： 勇往直前 ，密码是： Y_Y_D_S
```

思维训练

例 2-1-3：计算 BMI 指数。BMI 指数是身体质量指数的简称，它是用体重（kg）除以身高的平方得到的数字。请编写一个程序，使用变量表示身高和体重，计算 BMI 指数并输出。

【解题思路】

假如使用变量 height 表示身高，用变量 weight 表示体重，则 BMI 指数为 $\frac{\text{height}}{\text{weight}^2}$。在 Python 中，除号用“/”表示，乘号用“*”表示，平方用“**”表示。在计算时需将数学算式转化为 Python 能理解的表达式。

程序参考代码如下。

```
height = 1.75
weight = 65
bmi = weight / (height ** 2)
print("您的 BMI 指数为",bmi)
```

例 2-1-4：编写一个程序，计算圆的面积。圆的面积公式为 $S=\pi r^2$，其中 π 为圆周率，r 为半径。现有半径分别为 3、2、1 的 3 个圆，计算并输出 3 个圆的面积。

【解题思路】

1．在圆的面积公式中，圆周率始终保持不变，将它定义为常量，用大写字母 PI 表示；圆的半径在变化，导致圆的面积也在变化，将半径和面积定义为变量，分别用 r 和 s 表示。

2. 计算不同半径圆的面积。先给半径赋值 r=3，用公式 $S=\pi r^2$ 计算圆的面积，输出圆的面积；再给半径赋值 r=2，计算圆的面积并输出；最后给半径赋值 r=1，计算圆的面积并输出。

程序参考代码如下。

```
PI=3.14
r=3
s=PI*r**2
print("半径为 3 的圆的面积：",s)
r=2
s=PI*r**2
print("半径为 2 的圆的面积：",s)
r=1
s=PI*r**2
print("半径为 1 的圆的面积：",s)
```

2.2　数字与字符串

字符串与数值

知识精讲

Python 中的数据类型包括数字（Number）、字符串（String）、布尔类型（Boolean）、列表（List）、元组（Tuple）和字典（Dictionary）等。其中，数字和字符串是最常用的类型。

一、数字

Python 中的数字类型包括整数、浮点数和复数。其中，整数是没有小数部分的数字，浮点数是有小数部分的数字，复数由实部和虚部组成。数字类型支持基本的算术运算，如加减乘除、取余、幂等。

1. 整数

整数是没有小数部分的数字，包括正整数、负整数和零。在 Python 中，整数可以表示为十进制、二进制、八进制和十六进制。

十进制是由 0～9 十个数字组成的表示法，二进制是由 0 和 1 组成的表示法，八进制是由 0～7 组成的表示法，十六进制是由 0～9 和 A～F 组成的表示法。在 Python 中，分别使用前缀 0b、0o、0x 来表示二进制、八进制和十六进制数。以下是不同进制整数的表示方法。

```
# 十进制整数
num1 = 10
```

```
num2 = -20
# 二进制整数
bin_num = 0b1010
# 八进制整数
oct_num = 0o12
# 十六进制整数
hex_num = 0xA
```

2. 浮点数

浮点数是有小数部分的数字，包括整数部分和小数部分，用小数点分隔。在 Python 中，浮点数可以使用科学记数法表示，如 1.23e-4 表示的是 1.23 乘以 10 的负 4 次幂。以下是浮点数的示例代码。

```
float_num1=1.1
float_num2=1.2
float_num3=2.7e-3
```

3. 复数

复数由实部和虚部组成，用 J 或 j 表示虚部。以下是复数的示例代码。

```
# 定义复数
c1 = 1 + 2j
c2 = 2 - 3j
```

4. 算术运算符

Python 中的算术运算符与数学中的算术运算符一样，负责处理四则运算。Python 中常用的算术运算符如表 2-3 所示。

表 2-3　算术运算符

算术运算符	说　　明	举　　例
+	加：运算符两侧的数相加	10+20 输出结果 30
-	减：左边的数减右边的数	10-20 输出结果-10
*	乘：运算符两侧的数相乘	10*20 输出结果 200
/	除：左边的数除以右边的数，返回浮点数	20/10 输出结果 2.0
%	取余：返回左边数除以右边数的余数	10%3 输出结果 1
**	幂：a**b，返回 a 的 b 次幂	2**3 输出结果 8
//	取整：返回商的整数部分（向下取整）	10//3 输出结果 3

注意：在进行算术运算时，幂运算符的优先级最高，其次是乘、除、取余和取整运算符（*、/、%、//），最后是加减运算符（+、-）。

二、字符串

字符串是由一串字符组成的序列，可以包含字母、数字、空格、标点符号等。

1. 字符串表示方法

在 Python 中，字符串属于不可变序列，通常使用单引号（''）、双引号（""）或三引号（''' '''或""" """）来表示。

单引号和双引号表示的字符串必须在同一行，而三引号表示的字符串可以跨越多行。以下是字符串的不同表示方法。

```
# 使用单引号定义字符串
str1 = 'Hello, world!'
# 使用双引号定义字符串
str2 = "Python is cool."
# 使用三引号定义字符串
str3 = '''劝学
唐/颜真卿
三更灯火五更鸡，正是男儿读书时。
黑发不知勤学早，白首方悔读书迟。
'''
```

2. 转义字符

在 Python 中，如果要输出一些特殊字符，如单引号、双引号等，则可以使用转义字符来表示。转义字符是以反斜杠（\）开头的字符，它会告诉解释器后面的字符应该被解释为特殊字符，而不是普通字符。Python 中常用的转义字符及其说明如表 2-4 所示。

表 2-4　常用转义字符及其说明

转义字符	说明	转义字符	说明
\'	单引号	\"	双引号
\\	反斜杠	\r	回车
\n	换行符	\t	水平制表符

示例代码如下。

```
# 输出带单引号的字符串
print('I\'m a student.')
# 输出带双引号的字符串
print("He said, \"Hello world!\"")
# 输出带反斜杠的字符串
print("C:\\Users\\Desktop")
# 输出带换行符的字符串
```

```
print("Hello\nworld")
# 输出带制表符的字符串
print("Name\tAge")
```

上述代码的输出结果如下。

```
I'm a student.
He said, "Hello world!"
C:\Users\Desktop
Hello
world
Name	Age
```

3. 字符串运算符

字符串类型支持基本的操作，如字符串的拼接、重复、索引、切片等。在Python中，字符串是不可变的，即不能对字符串进行修改，但是可以通过字符串的一些方法，如replace()、upper()、lower()等来对字符串进行处理。此外，Python还支持格式化字符串的输出，可以使用%运算符或.format()方法来实现。

定义变量a和b的值为字符串，赋值如下。

```
a="1949年10月1日"
b="中华人民共和国成立！"
```

Python中的字符串运算符如表2-5所示，以变量a和b为例进行说明。

表2-5 字符串运算符

字符串运算符	说　明	举　例
+	字符串连接	print(a+b) 输出：1949年10月1日中华人民共和国成立！
*	重复字符串，表示复制当前字符串，与之结合的数字为复制的次数	Print(b*2) 输出：中华人民共和国成立！中华人民共和国成立！
[index]	通过索引获取字符串中的字符，从左到右，索引默认从0开始；从右到左，索引默认从-1开始	print(b[0]) 输出：中 print(b[-4]) 输出：国
[:]	截取字符串，截取时不包括第二个下标对应的字符，[:]表示截取所有字符，[a:b:c]表示从下标a开始截取，间隔为c，截取到下标b（不包括b）之间的字符	print(b[0:2]) 输出：中华 print(b[-3:-1]) 输出：成立
in	成员运算符，如果字符串中包含给定的字符则返回True，否则返回False	print('中华' in b) 输出：True

续表

字符串运算符	说　明	举　例
not in	成员运算符，如果字符串中不包含给定的字符则返回 True，否则返回 False	print('中华' not in a) 输出：True
%	字符串格式化	详见下面的案例

在 Python 中，字符串是一种不可变序列，因此不能通过索引或切片的方式来修改字符串中的某个字符或子字符串。如果尝试修改字符串，则会引发 TypeError 异常，示例代码如下。

```
a="1949年10月1日"
b="中华人民共和国成立！"
b[7]="万"
b[8]="岁"
print(b)
```

运行代码时会出现以下错误。

```
Traceback (most recent call last):
  File "C:\pythonProject5\demo.py", line 3, in <module>
    b[7]="万"
    ~^^^
TypeError: 'str' object does not support item assignment
```

字符串格式化是指将变量的值插入字符串中的某些位置，以形成新的字符串的过程。在 Python 中，字符串格式化有多种方式，下面介绍其中比较常用的 3 种方式。

（1）使用占位符。

在字符串中使用%占位符，如%d 表示一个整数变量，%s 表示一个字符串变量，%f 表示一个浮点数变量。在字符串外面使用%运算符，将要插入的变量放在%运算符后面的括号中，这样变量的值就会被插入到字符串中占位符的位置上，示例代码如下。

```
age = 18
name = '小明'
mystr = '我的名字是%s，年龄是%d 岁。' % (name, age)
print(mystr)
```

输出结果如下。

```
我的名字是小明，年龄是18 岁。
```

其中，%s 表示字符串类型的变量 name，%d 表示整数类型的变量 age，%后面的小括号中的变量按顺序依次替换占位符。

（2）使用 f-string 方式。

Python 3.6 及以上版本支持使用 f-string 方式进行格式化输出，即在要输出的字符串前加上 f，在字符串中使用花括号（{}）表示占位符。这种方式更加直观和易读，示例代码如下。

```
age = 18
name = '小明'
mystr = f'我的名字是{name}，年龄是{age}岁。'
print(mystr)
```

输出结果与上一种方式相同，其中，{}中的变量会被替换为其对应的值。

（3）使用 format()方法。

format()方法是一种更加灵活的格式化输出方法。在字符串中使用一对花括号（{}）表示占位符，并使用 format()方法将占位符替换为变量，示例代码如下。

```
age = 18
name = '小明'
mystr = '我的名字是{}，年龄是{}岁。'.format(name, age)
print(mystr)
```

输出结果与前两种方式相同，其中，{}中的变量会按照顺序依次替换，也可以使用索引号指定要替换的变量，示例代码如下。

```
age = 18
name = '小明'
mystr = '我的名字是{1}，年龄是{0}岁。'.format(age, name)
print(mystr)
```

输出结果与前两种方式相同，其中，{0}表示要替换为第一个变量 age，{1}表示要替换为第二个变量 name。

编程练习

例 2-2-1：计算表达式的值。已知数学表达式 $6 \times (a+1)^2 + (2.8-a) \times 2$，请输出当 $a=3$ 时表达式的值及其类型。

【解题思路】

1．当多个数学运算符出现在同一个表达式中时，优先级高的运算符会先被计算，如果优先级相同则按照从左到右的顺序计算。如果需要改变计算顺序，则可以使用括号来明确优先级。数学运算符的优先级从高到低依次为：()、** 、* 、/、%、//、+、-。

2．当对浮点数与整数进行运算时，其结果均为浮点数。

3．用 type()函数查看数据类型。

程序参考代码如下。

```
a=3
result=6*(a+1)**2+(2.8-a)*2
print(result)
print(type(result))
```

例 2-2-2：四则运算。请编写一个程序，输入两个整数，实现加减乘除运算，并按格式输出算式和结果，如 1+2=3。

【解题思路】

1．使用 input()函数获取输入信息，并存入变量中。由于 input()函数返回的是字符串，而字符串不能进行数学运算，因此需要将它转换成数字。

2．print()函数可以直接使用 f-string 的方式输出信息，使输出的信息更加灵活和易读。

程序参考代码如下。

```
a=int(input("请输入第一个数:"))
b=int(input("请输入第二个数:"))
print('%d+%d=%d'%(a,b,a+b))
print('%d-%d=%d'%(a,b,a-b))
print('%dx%d=%d'%(a,b,a*b))
print('%d÷%d=%f'%(a,b,a/b))
```

程序运行结果如下。

```
请输入第一个数:23
请输入第二个数:4
23+4=27
23-4=19
23x4=92
23÷4=5.750000
```

问题与思考：请用字符串格式化的另外两种方式，完成上述任务。

思维训练

例 2-2-3：从身份证号码中读取出生年、月、日。请编写一个程序，输入某人的身份证号码，输出他出生的年、月、日。

【解题思路】

1．使用 input()函数输入身份证号码，并将它保存到字符串变量中。

我国身份证号码采用 18 位数字表示，每位数字都有一定的含义：1～6 位为出生地编号；7～10 位为出生年份；11～12 位为出生月份；13～14 位为出生日期；15～16 位为出生顺序编号；17 位为性别标号（奇数表示男性，偶数表示女性）；18 位为校验码。

从后面索引：	-18	-17	-16	-15	-14	-13	-12	-11	-10	-9	-8	-7	-6	-5	-4	-3	-2	-1
从前面索引：	0	1	2	3	4	5	6	7	8	9	10	11	12	13	14	15	16	17
参考身份证	*	*	0	2	8	1	1	9	8	3	1	1	0	4	0	2	1	3

这里用 id_card 变量存储身份证号码，通过字符串索引可以获取身份证任意位置上的数字，如获取身份证性别标号可以使用 id_card[16]或 id_card[-2]，获取身份证出生年份可以使用 id_card[6:10]或 id_card[-12:-8]。

程序参考代码如下。

```
id_card = input("请输入身份证号码：")
year = id_card[6:10]
month = id_card[10:12]
day = id_card[12:14]
print(f"出生日期为：{year}年{month}月{day}日")
```

程序运行结果如下。

```
请输入身份证号码：**0281198311040213
出生日期为：1983 年 11 月 04 日
```

> 说明：为了保护个人隐私，该示例的身份证号码前两位数字用*代替，实际编程练习时请根据情况换成真实的身份证号码。

问题与思考：如何将身份证号码反向排列？

例 2-2-4：请编写一个程序，获取并输出一个百位数的百位、十位和个位数。

【解题思路】

1. 使用 input()函数输入一个百位数，用 int()函数将它转换成整数并保存到变量中。

2. 通过整数除法和取余运算计算出该数的百位、十位和个位数。以百位数 345 为例，解题思路如下。

- 345 的百位数可以通过整除 100 得到百位数 3，即 345//100=3。
- 345 的十位数可以通过整除 10 得到由百位数和十位数组成的两位数，即 345//10=34，将 34 取余得到十位数 4，即 34%10=4。
- 345 的个位数可以通过取余运算得到 5，即 345%10=5。

程序参考代码如下。

```
num = int(input('请输入一个百位整数：'))
hundreds = num // 100
tens = (num // 10) % 10
units = num % 10
print("百位数为：", hundreds)
print("十位数为：", tens)
print("个位数为：", units)
```

问题与思考：上述程序中输入的数如果是一个千位、万位数或任意整数，如何输出其百位、十位和个位数呢？

2.3　函数与模块

导入模块

知识精讲

一、函数

在 Python 中，函数是一段封装好的可重用代码，用于完成特定的任务。Python 中有许多内置函数，开发者可以直接使用它们，如前面使用过的输出函数 print()、输入函数 input()、类型转换函数 int()等。

1．数学函数

Python 提供了丰富的数学函数，用于执行各种数学运算和操作，常用的数学函数如表 2-6 所示。

表 2-6　常用的数学函数

函数名称	说　明	举　例
abs()	返回数字的绝对值	abs(-5)，返回 5
max()	返回给定参数的最大值，参数可以为序列	max(-3,5,12)，返回 12
min()	返回给定参数的最小值，参数可以为序列	min(10,20,6)，返回 6
round(x,n)	返回四舍五入到小数点后 n 位的浮点数 x	round(77.377, 2)，返回 77.38
sum()	返回给定参数的和	sum(2,3,4)，返回 9
pow(x,y)	返回 x 的 y 次方	pow(2,4)，返回 16

2．类型转换函数

数据类型转换指的是将一个数据类型转换为另一个数据类型的过程。有些数据类型之间是可以直接进行转换的，如 2+1.0，结果为浮点数；有时候需要借助函数将数据类型转换为其他类型，以便进行计算或满足特定的需求。常用的类型转换函数如表 2-7 所示。

表 2-7 常用的类型转换函数

函数名称	说明	举例
int()	将一个字符串或数字转换为整数	int(4.8)，返回 4
float()	将整数和字符串转换为浮点数	float('123')，返回 123.0
str()	将其他数据类型转换为字符串类型	str(123)，返回'123'
bool()	将其他数据类型转换为布尔类型，如果没有参数则返回 False	bool('123')，返回 True bool(0)，返回 False
chr()	将 Unicode 编码转换为对应的字符	chr(65)，返回'A'
ord()	将字符转换为对应的 Unicode 编码	ord('a')，返回 97

除了上述的类型转换函数，还可以使用 list()、tuple()、set()函数将其他类型的数据转换为列表、元组、集合类型。

3．其他常用函数

除了上面介绍的几类函数，Python 还提供了其他常用的功能函数。

表 2-8 其他常用的功能函数

函数名称	说明	举例
len()	返回对象（字符串、列表、元组等）的长度或元素的个数	len('china')，返回 5
eval()	执行一个字符串表达式，并返回表达式的值	eval('1+2+3')，返回 6
type()	返回对象的类型	type('china')，返回<class 'str'> type(100)，返回<class 'int'>
id()	返回对象的内存地址	
input()	接收一个标准输入数据，返回字符串	
print()	输出	
eval()	执行一个字符串表达式，并返回表达式的值	eval(‘1+2’)，返回 3

以上只列出了 Python 的部分内置函数，此外，Python 也支持自定义函数，在后面的课程中将介绍更多的函数及如何自定义函数，以便更好地重用代码和提高编程效率。

二、模块

Python 的模块是一个包含 Python 代码的文件，其中可以定义变量、函数、类等。模块是 Python 代码的组织方式，通过模块可以将相关的代码组织在一起并被其他程序引用和重用，从而提高代码的可维护性和复用性。

Python 的标准库中包含许多模块，如 os、sys、math、time 等，开发者也可以自己编写模块，并在其他 Python 代码中导入使用。

Python 的模块可以通过 import 语句进行导入，示例代码如下。

```
import math
print(math.sqrt(2))
```

在上面的代码中，使用import语句导入了Python标准库中的math模块，调用了该模块中的sqrt()函数计算2的平方根。

除了import语句，还可以使用from语句导入模块中的指定部分，示例代码如下。

```
from math import sqrt
print(sqrt(2))
```

模块的应用非常广泛，以下是几个常用的模块。

os模块：提供许多能够与操作系统交互的函数，如os.listdir()可以列出指定目录下的文件和文件夹。

datetime模块：提供日期和时间的处理函数，如datetime.date.today()可以获取当前日期。

random模块：用于生成伪随机数，可以提供多种生成随机数的函数和方法。

（1）random.randint()：生成指定范围内的随机整数。生成1到100之间的随机整数（包含1和100），示例代码如下。

```
import random
rand_num = random.randint(1, 100)
print(rand_num)
```

（2）random.random()：生成[0,1)范围内的随机小数。生成一个随机的浮点数，示例代码如下。

```
import random
rand_float = random.random()
print(rand_float)
```

（3）random.choice()：返回一个非空字符串、列表或元组中的随机项。返回字符串“china”中的任意字符，示例代码如下。

```
import random
s = 'china'
choice = random.choice(s)
print(choice)
```

此外，Python也支持自定义模块，在后面的课程中将学习如何自定义模块。

编程练习

例2-3-1：求最大值。输入任意3个数，输出其中的最大值。

【解题思路】

1．使用 input()函数输入的数字默认为字符串类型，使用 float()函数进行类型转换，将其转换成浮点数。

2．将转换后的数字作为 max()函数的参数，由 max()返回 3 个数中的最大值。

程序参考代码如下。

```
a = float(input("请输入第一个数: "))
b = float(input("请输入第二个数: "))
c = float(input("请输入第三个数: "))
max_num = max(a, b, c)
print("最大值为: ", max_num)
```

问题与思考：如果不使用 max()函数，要想输出 3 个数中的最大值，应该如何解决？

例 2-3-2：数据在内存中的存储。定义 3 个变量 a、b、c，分别赋值为 1、2、ok，查看 3 个变量的类型和内存地址；改变 b 的值为 ok，改变 c 的值为 2，再次查看变量的类型和内存地址。

【解题思路】

1．为了快速给多个变量赋值，可以使用一条语句为多个变量同时赋值，这种方式称为“多重赋值”，如 a,b,c=1,2,'ok'。

2．使用多重赋值来交换两个变量的值，如 a,b=b,a。

3．使用 type()函数获取对象的类型，使用 id()函数获取对象的内存地址。

4．在 Python 中，整数、浮点数、字符串均是不可变数据类型，对于相同的不可变对象，相同的值对应相同的内存地址。

程序参考代码如下。

```
a,b,c = 1,2,'a'
print("a 的类型为:",type(a),"a 的 id 为:",id(a))
print("b 的类型为:",type(b),"b 的 id 为:",id(b))
print("c 的类型为:",type(c),"c 的 id 为:",id(c))
print('a,b,c 的值为: ',a,b,c)
b,c = c,b
print('a,b,c 的值为: ',a,b,c)
print("a 的类型为:",type(a),"a 的 id 为:",id(a))
print("b 的类型为:",type(b),"b 的 id 为:",id(b))
print("c 的类型为:",type(c),"c 的 id 为:",id(c))
print("1 的 id 为:",id(1))
```

```
print("2 的 id 为:",id(2))
print("a 的 id 为:",id('a'))
```

程序运行结果如下。

```
a 的类型为: <class 'int'> a 的 id 为: 2346849403120
b 的类型为: <class 'int'> b 的 id 为: 2346849403152
c 的类型为: <class 'str'> c 的 id 为: 2346850803824
a,b,c 的值为:  1 2 a
a,b,c 的值为:  1 a 2
a 的类型为: <class 'int'> a 的 id 为: 2346849403120
b 的类型为: <class 'str'> b 的 id 为: 2346850803824
c 的类型为: <class 'int'> c 的 id 为: 2346849403152
1 的 id 为: 2346849403120
2 的 id 为: 2346849403152
a 的 id 为: 2346850803824
```

问题与思考：在上述程序中，变量的值变化了，其对应的内存地址也发生了变化，那么是否存在这样的变量：其值发生了变化，而内存地址并没有变化。

思维训练

例 2-3-3：产生验证码。设计一个程序，要求随机产生 4 位验证码，验证码包含小写字母、大写字母和数字。

【解题思路】

1．定义字符串变量，使其包含所有的小写字母、大写字母和数字。

2．使用 random.choice()方法返回字符串中的随机项，将 4 次返回的随机项用“+”连接，生成 4 位验证码字符串。

3．在使用 random.choice()方法前，需要先使用 import 语句导入 random 模块。

程序参考代码如下。

```
import random
# 定义变量，包含小写字母、大写字母和数字的所有字符
s = 'abcdefghijklmnopqrstuvwxyzABCDEFGHIJKLMNOPQRSTUVWXYZ0123456789'
# 随机选择 4 个字符，组成验证码
choice = random.choice(s)+ random.choice(s)+ random.choice(s)+
random.choice(s)
print(choice)
```

问题与思考：能否自动生成字符串 s 中的字符（提示：查找 string 模块的相关资料，解决此问题。）

例 2-3-4：随机出题。编写一个随机出题程序，随机生成两个 1 到 10 之间的整数和一个加减乘中的运算符，组成一个数学表达式，等待 3 秒并给出正确答案。

【解题思路】

1. 导入 random 和 time 模块。

2. 生成两个 1 到 10 之间的整数 a 和 b，使用 random 模块中的 randint()函数，其中 1 和 10 分别表示生成的随机数的最小值和最大值。

3. 随机选择一个加减乘中的运算符，使用 random 模块中的 choice()函数，传入一个包含加减乘运算符的字符串。

4. 组成一个数学表达式，将 a、b 和运算符拼接成一个字符串，使用加号连接。

5. 使用 eval()函数计算出这个数学表达式的结果，并将结果赋值给变量 result。

6. 使用 time 模块中的 sleep()函数，暂停执行程序 3 秒。

7. 输出数学表达式和结果，使用 print()函数，将表达式和结果拼接成一个字符串，使用加号连接。

程序参考代码如下。

```
import random
import time
# 随机生成两个整数
a = random.randint(1, 10)
b = random.randint(1, 10)
# 随机选择一种运算符
op = random.choice('+-*')
print('随机出题')
expression = str(a)+op+str(b)
print(expression+'=')
result = eval(expression)
# 等待 3 秒钟
time.sleep(3)
# 给出答案
print("正确答案")
print(expression+'='+str(result))
```

问题与思考：该程序使用了随机数生成和等待时间的功能，让用户在 3 秒后看到正确答案，增加了趣味性和挑战性，可以用于数学教学。该程序还有哪些不完善的地方，你有什么改进意见吗？

2.4 实战 1 糖果游戏

任务要求

某幼儿园里有 5 个小朋友，编号为 a、b、c、d、e，他们按编号顺序围坐在一张圆桌旁。通过键盘输入给每位小朋友分配若干个糖果，做一个分糖果游戏。从 a 号小朋友开始，将自己的糖果均分三份（如果有多余的糖果则立即吃掉），自己留一份，其余两份分给与他相邻的两个小朋友，接着 b 号、c 号、d 号、e 号小朋友也这么做。在经过一轮后，每个小朋友手上分别有多少个糖果。

任务准备

任务中 5 个小朋友的糖果数要求从键盘中输入，可以使用 input()函数结合 split()函数来实现一行输入多个变量值，具体操作如下。

将输入的多个变量值放在一行，使用 input()函数获取输入的一行字符串，使用 split()函数将字符串按照分隔符进行分割，默认使用空格，在这里使用逗号。

假设要在一行中输入三个整数，并将其分别赋值给变量 a、b 和 c，示例代码如下。

```
a, b, c = input("请输入三个整数，以逗号分隔：").split(",")
a, b, c = int(a), int(b), int(c)
print("您输入的三个整数分别是：", a, b, c)
```

代码运行结果如下。

```
请输入三个整数，以逗号分隔：6,8,5
您输入的三个整数分别是： 6 8 5
```

任务分析

1．通过 input()、split()函数输入每位小朋友的糖果数，并将其转换为整数。

2．第一个小朋友分糖果：将 a 的糖果分成三份，留一份，将其余两份分给 b 和 e。

3．第二个小朋友分糖果：将 b 的糖果分成三份，留一份，将其余两份分给 a 和 c。

4．第三个小朋友分糖果：将 c 的糖果分成三份，留一份，将其余两份分给 b 和 d。

5．第四个小朋友分糖果：将 d 的糖果分成三份，留一份，将其余两份分给 c 和 e。

6. 第五个小朋友分糖果：将 e 的糖果分成三份，留一份，将其余两份分给 a 和 d。

7. 输出每个小朋友手上的糖果数。

> 说明：顺序结构是一种基本的程序结构，指程序按照书写顺序依次执行代码，每条语句只执行一次。

任务实施

```
# 从标准输入中读取一行数据，并使用 split() 函数将其以空格分隔成五个子字符串
a,b,c,d,e = input("请输入五位同学的糖果数，以空格分隔：").split()
# 将输入的五个糖果字符串转换为整数
a, b, c, d, e = int(a), int(b), int(c), int(d), int(e)
# 第一次分糖果
a = a//3        #将第一个小朋友的糖果数三等分，余数去掉，自己留一份
b = b + a       #一份给第二个小朋友
e = e + a       #一份给第五位小朋友
# 第二次分糖果
b = b // 3      #将第二个小朋友的糖果数三等分，余数去掉，自己留一份
c = c + b       #一份给第三个小朋友
a = a + b       #一份给第一个小朋友
# 第三次分糖果
c = c // 3      #将第三个小朋友的糖果数三等分，余数去掉，自己留一份
d = d + c       #一份给第四个小朋友
b = b + c       #一份给第二个小朋友
# 第四次分糖果
d = d // 3     #将第四个小朋友的糖果数三等分，余数去掉，自己留一份
e = e + d      #一份给第五个小朋友
c = c + d      #一份给第三个小朋友
# 第五次分糖果
e = e // 3     #将第五个小朋友的糖果数三等分，余数去掉，自己留一份
a = a + e      #一份给第一个小朋友
d = d + e      #一份给第四个小朋友
# 使用字符串格式化输出结果，每个数字占据五个字符的宽度
print("%5d" % a, "%5d" % b, "%5d" % c, "%5d" % d, "%5d" % e, sep="")
```

2.5 实战 2 显示温控大棚环境数据

开发板配置

任务要求

数字虚拟教学仿真硬件平台（以下简称硬件平台）是一款与 Python 配套的实训硬件平台，板载资源包括人体红外传感器、光照度传感器、温湿度传感器

及 LCD 显示屏、直流风扇、红黄绿三色 LED 灯、蜂鸣器等控制器件。请以智能温控大棚为例，运用该硬件平台，实现室内环境数据监测及显示功能，具体要求如下。

1. 在 LCD 显示屏上，显示名称为“环境监测数据”。
2. 在 LCD 显示屏上，显示当前温度。
3. 在 LCD 显示屏上，显示当前湿度。
4. 在 LCD 显示屏上，显示当前光照度。

任务准备

一、硬件连接

1. 用数据线将硬件平台与电脑 USB 口连接。
2. 打开设备管理器，查看串口状态，如图 2-2 所示。

图 2-2 查看串口状态

二、硬件平台调用包的使用流程

1. 导入硬件平台调用包模块

将硬件平台调用包模块“JtPythonBCPToHardware.pyd”放置到 Python 第三方库中，路径为 Python 安装目录下的“Lib\site-packages”文件夹，如图 2-3 所示。

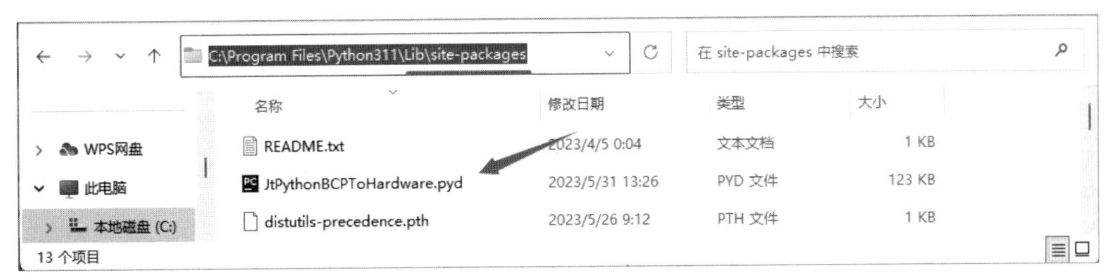

图 2-3 导入硬件平台调用包模块

2. 在 Python 文件中导入该模块

```
from JtPythonBCPToHardware import *    #导入 Python 基础调用包
```

3. 初始化通信串口

```
mySerial = SerialTool("com3")          # 实例化串口处理类对象
```

4．调用控制方法

硬件平台通过命令发送函数 hardwareSend()实现板载传感器数据的获取和板载器件的控制，其用法如下。

```
hardwareSend(参数 1,参数 2,参数 3)
```

格式说明如下。

参数 1：模块选择，参数范围为 HardwareType.lcd、HardwareType.led 等，参数说明如表 2-8 所示。

表 2-8 参数 1 说明

参 数 1	说 明
HardwareType.lcd	板载 LCD 显示屏
HardwareType.led	板载 LED 灯
HardwareType.buzzer	板载蜂鸣器
HardwareType.fan	板载风扇
HardwareType.tempHumidity	板载温湿度传感器
HardwareType.illumination	板载光照度传感器
HardwareType.infrared	板载人体红外传感器

参数 2：命令选择，参数范围为 HardwareCommand.control 和 HardwareCommand.get，参数说明如表 2-9 所示。

表 2-9 参数 2 说明

参 数 2	说 明
HardwareCommand.control	控制板载 LCD 显示屏、直流风扇、红黄绿三色 LED 灯、蜂鸣器等器件
HardwareCommand.get	获取人体红外传感器、光照度传感器、温湿度传感器的数据及板载器件的状态

参数 3：控制命令，参数范围为 LEDALLON、LEDALLOFF 等，参数说明如表 2-10 所示。

表 2-10 参数 3 说明

参 数 3	说 明
HardwareOperate.LEDALLON	开启红黄绿三色 LED 灯
HardwareOperate.LEDALLOFF	关闭红黄绿三色 LED 灯
HardwareOperate.LEDREDON	开启红灯
HardwareOperate.LEDREDOFF	关闭红灯
HardwareOperate.LEDYELLOWON	开启黄灯
HardwareOperate.LEDYELLOWOFF	关闭黄灯

续表

参　数　3	说　　明
HardwareOperate.LEDGREENON	开启绿灯
HardwareOperate.LEDGREENOFF	关闭绿灯
HardwareOperate.BUZZERON	开启蜂鸣器
HardwareOperate.BUZZEROFF	关闭蜂鸣器
HardwareOperate.FANFORON	风扇正转
HardwareOperate.FANREVON	风扇反转
HardwareOperate.FANOFF	关闭风扇

以发送信息给硬件平台 LCD 显示屏为例，代码如下。

```
from JtPythonBCPToHardware import *      # 导入 Python 基础调用包
print("HelloWorld")
mySerial = SerialTool("com3")            # 实例化串口处理类对象
mySerial.hardwareSend(HardwareType.lcd, HardwareCommand.control,
"HelloWorld")
```

任务分析

1. 导入必要的模块和库，包括 time 库和自定义的 JtPythonBCPToHardware 库。

```
from time import sleep
from JtPythonBCPToHardware import *
```

2. 实例化一个 SerialTool 串口对象，该对象将被用于与硬件平台进行通信。

```
mySerial = SerialTool("com3")
```

3. 获取温湿度数据，通过 hardwareSend()方法向开发板发送获取温湿度数据的命令，等待一段时间，获取开发板返回的数据。

```
mySerial.hardwareSend(HardwareType.tempHumidity,HardwareCommand.get,"")
```

4. 将获取的温度数据显示在 LCD 显示屏上，通过 hardwareSend()方法向开发板发送控制 LCD 显示屏的命令，将温度数据作为参数传入，等待一段时间，使 LCD 显示屏显示完毕。

```
mySerial.hardwareSend(HardwareType.lcd, HardwareCommand.control,"内容" )
```

5. 将获取的湿度数据显示在 LCD 显示屏上，通过 hardwareSend()方法向开发板发送控制 LCD 显示屏的命令，将湿度数据作为参数传入，等待一段时间，使 LCD 显示屏显示完毕。

6. 获取光照度数据，通过 hardwareSend()方法向开发板发送获取光照度数据的命令，等待一段时间，获取开发板返回的数据。

```
mySerial.hardwareSend(HardwareType.illumination,HardwareCommand.get,"")
```

8．将获取的光照度数据显示在 LCD 显示屏上，通过 hardwareSend()方法向开发板发送控制 LCD 显示屏的命令，将光照度数据作为参数传入，等待一段时间，使 LCD 显示屏显示完毕。

9．输出获取的温湿度和光照度数据，通过 print()函数，将获取的温湿度和光照度数据输出到控制台上。

任务实施

```
from time import sleep
from JtPythonBCPToHardware import *
mySerial = SerialTool("com3")
print("控制 LCD 显示内容")
led_show=''
#获取温湿度
mySerial.hardwareSend(HardwareType.tempHumidity,HardwareCommand.get,"")
sleep(4)    #等待 4 秒
led_show='当前温度：'+str(mySerial.tempData)
#LCD 显示屏显示当前温度
mySerial.hardwareSend(HardwareType.lcd, HardwareCommand.control, led_show)
sleep(4)
led_show='当前湿度：'+str(mySerial.humidityData)
#LCD 显示屏显示当前湿度
mySerial.hardwareSend(HardwareType.lcd, HardwareCommand.control, led_show)
sleep(4)
#获取光照度
mySerial.hardwareSend(HardwareType.illumination,HardwareCommand.get,"")
led_show='当前光照度：'+str(mySerial.illuminationData)
sleep(4)
#LCD 显示屏显示当前光照度
mySerial.hardwareSend(HardwareType.lcd, HardwareCommand.control, led_show)
#输出到控制台显示
print('当前温度：'+str(mySerial.tempData))
print('当前湿度：'+str(mySerial.humidityData))
print('当前光照度：'+str(mySerial.illuminationData))
print(led_show)
```

注意：由于涉及与硬件设备的交互，因此需要确保代码中的串口号与实际的串口号相匹配。

任务拓展

由于硬件平台 LCD 显示屏功能的限制，可显示字符最大为 64 字节（共 4 行，每行 16 字节），即同时显示 32 个汉字或 64 个英文字符，中英文组合中的 1 个中文字符按 2 字节计，1 个英文字符按 1 字节计，总共不超过 64 字节。

试完善该任务的数据显示功能，在硬件平台 LCD 显示屏上同时显示温湿度和光照度数据。

本章小结

本章介绍了 Python 中的常量和变量、数字和字符串、基本函数和基本模块等内容。常量和变量是程序中存储数据的基本单元，常量是指在程序运行期间不会发生变化的值，而变量则可以被重新赋值。数字和字符串是 Python 中最基本的数据类型，数字可以进行数学运算，字符串表示文本信息，可以进行字符串索引、连接、截取等操作。Python 还提供了许多内置函数，如 print()、input()等，以及一些基本模块，如 math 模块、random 模块等，这些函数和模块可以帮助开发者更快速、方便地编写程序。

第3章 Python数据类型

学习目标

■ 了解元组、列表、集合和字典的基本概念及用法
■ 掌握元组、列表、集合和字典的创建、访问、删除等基本操作
■ 理解元组、列表、集合和字典的特点、优缺点及适用场景

学习重点和难点

■ 元组、列表、集合和字典的基本操作
■ 元组、列表、集合和字典的特点和用法

思维导图

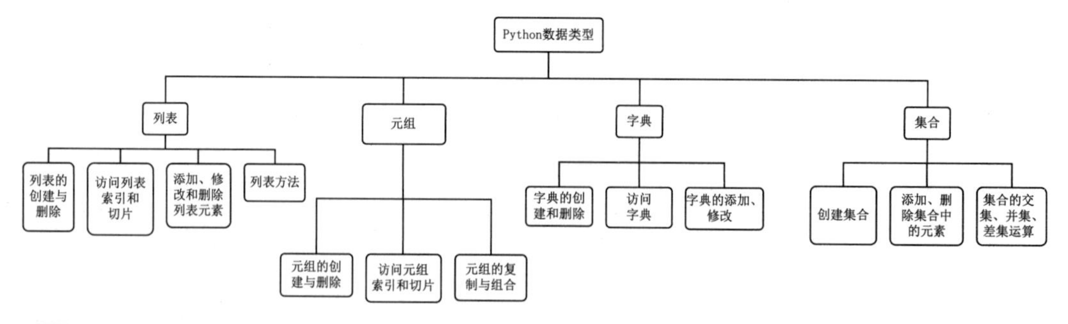

本章导论

元组、列表、集合和字典是Python中常用的数据类型，用于保存多个数据项。列表是一种可变的序列类型，开发者可以动态地增加、删除或修改其中的

元素。元组是一种不可变的序列类型，一旦创建就不能修改。集合是一种无序、不重复的元素集合，可以用于去重和数学运算。字典是一种无序的键-值对集合，开发者可以通过键来访问对应的值。布尔类型只有 True 和 False 两个值，支持逻辑运算、比较运算等，可以用于条件判断、循环控制等方面。通过使用这些数据结构，开发者能够轻松地保存、访问和处理大量数据。

3.1 列表

列表增删改查

知识精讲

Python 中的列表（List）是一种有序的数据集合，它可以包含任意类型的数据，包括数字、字符串及其他数据类型。

一、创建列表

Python 提供了多种创建列表的方法，可以先创建一个空列表，再添加数据，也可以在创建列表时添加数据元素。

1. 使用方括号创建包含初始数据的列表

创建一个列表，只要把逗号分隔的不同的数据项使用方括号括起来即可，示例代码如下。

```
scores = [85, 90, 92, 78, 88]                  #学生成绩列表
todos = ['写作业', '看电影', '锻炼身体']           #待办事项列表
menu = ['西瓜', '香蕉', '苹果', '枇杷', '葡萄']     #水果列表
songs = ['歌唱祖国', '团结就是力量', '我的中国心']   #歌曲列表
```

赋值运算符“=”的左边为列表名称，方括号“[ ]”中用逗号“,”分隔的列表元素没有个数限制，支持所有的数据类型。

2. 创建空列表

使用不带任何元素的“[ ]”即可创建一个空列表，示例代码如下。

```
my_list = []  #创建一个空列表
```

3. 使用 list()函数创建列表

使用内置函数 list()可以将字符串、range 对象、元组及其他可迭代类型的数据转换为列表。

```
liststr=list('12345')                  #将字符串转换为列表
listnum=list(range(1,10,2))            #将 range 对象转换为列表
```

```
print(liststr)
print(listnum)
```

上述代码的运行结果如下。

```
['1', '2', '3', '4', '5']
[1, 3, 5, 7, 9]
```

二、操作列表

列表是可变序列，除了可以通过索引访问列表元素，还可以对列表进行添加、删除、修改等操作。

1. 访问列表元素

与字符串索引一样，列表索引从 0 开始，第二个索引是 1，依次类推。通过索引可以对列表进行访问、修改、删除等操作。

```
songs = ['歌唱祖国', '团结就是力量', '我的中国心']  #歌曲列表
print(songs[0])
print(songs[0:2])
```

上述代码的运行结果如下。

```
歌唱祖国
['歌唱祖国', '团结就是力量']
```

2. 修改列表元素

修改列表中的元素只需先通过索引获取该元素，再将其重新赋值即可。

```
songs = ['歌唱祖国', '团结就是力量', '我的中国心']  #歌曲列表
songs[1] = '龙的传人'        #修改索引为 1 的列表元素的值
print(songs)
```

上述代码的运行结果如下。

```
['歌唱祖国', '龙的传人', '我的中国心']
```

3. 删除列表元素

删除列表中指定的元素和删除列表都可以使用 del 语句实现。

```
songs = ['歌唱祖国', '龙的传人', '我的中国心']  #歌曲列表
del songs[-1]  #删除列表的最后一个元素
print(songs)
```

上述代码的运行结果如下。

```
['歌唱祖国', '龙的传人']
```

4. 列表方法

列表方法（List methods）是 Python 中对列表进行操作的一些方法，通过调用这些方法可以实现列表的添加、删除、修改、排序等操作。一些常用的列表方法如表 3-1 所示。

表 3-1 常用的列表方法

方 法	功 能
append()	在列表末尾添加一个元素
extend()	将一个列表中的所有元素都添加到另一个列表中
insert()	在指定位置插入一个元素
remove()	删除列表中指定元素的第一个匹配项
pop()	删除列表中指定位置的元素（默认是最后一个元素），并返回这个元素的值
clear()	删除列表中的所有元素
index()	返回列表中指定元素的第一个匹配项的索引值
count()	返回列表中指定元素的个数
sort()	对列表中的元素进行排序
reverse()	将列表中的元素进行倒序排列

编程练习

例 3-1-1：寻找四大文明古国。已知列表 mylist=['古代埃及','巴比伦','雅典','古代罗马','中国','伊拉克']，请修改完善该列表，使列表只包含四大文明古国。

【解题思路】

1. 四大文明古国为古代埃及、古代巴比伦、古代印度、中国。
2. 将列表中的“巴比伦”修改为“古代巴比伦”：mylist[1]='古代巴比伦'。
3. 在“雅典”前插入“古代印度”：mylist.insert(2,"古代印度")。
4. 删除列表中的“雅典”：可使用 mylist.pop(3)或 mylist.remove('雅典')。
5. 删除列表中的“伊拉克”：mylist.pop()。

程序参考代码如下：

```
mylist=['古代埃及','巴比伦','雅典','中国','伊拉克']
mylist[1]='古代巴比伦'
mylist.insert(2,"古代印度")
mylist.remove('雅典')
mylist.pop()
print(mylist)
```

例 3-1-2：成绩处理。输入某学生语文、数学、Python 三门课程的成绩，将它们存放到列表中，并计算成绩总分和平均分。

【解题思路】

1．定义一个空列表 scores，用于存储学生成绩。

2．使用 float()函数将用 input()函数输入的成绩转换成浮点数，并存入变量中。

3．通过 append()方法向列表中添加学生成绩。

4．使用 sum()函数和 len()函数计算学生成绩的平均值，并输出结果。

程序参考代码如下。

```
scores=[]                                   #定义空列表
a=float(input("请输入语文成绩:"))           #转换成浮点数并存入变量 a 中
b=float(input("请输入数学成绩:"))
c=float(input("请输入 Python 成绩:"))
scores.append(a)                            #将成绩添加到列表中
scores.append(b)
scores.append(c)
total=sum(scores)                           #使用 sum()函数计算总分
average=total / len(scores)                 #使用 len()函数获取列表元素个数
print('学生成绩',scores)
print('总分：',total)
print('平均分：',average)
```

思维训练

例 3-1-3：统计得分。设计一个程序，实现统计评委评分，列表中存放 8 位评委评分，去掉最高分和最低分，计算平均值，输出每位评委的评分和平均值。

【解题思路】

1．使用 sort()方法对列表 lst 进行升序排序。

2．使用切片操作 lst[1:-1]，去掉排序后的列表中的第一个和最后一个元素（最小值和最大值）。

3．使用 sum()函数计算剩余元素的和，除以列表长度，得到平均值。

4．使用 print()函数输出剩余元素列表和平均值。

程序参考代码如下。

```
lst = [9.1, 9.0, 8.1, 9.7, 19, 8.2, 8.6, 9.8]
# 将列表按升序排序
lst.sort()
# 使用切片操作去掉第一个和最后一个元素，即列表中的最小值和最大值
lst = lst[1:-1]
# 计算剩余元素的平均值
```

```
average = sum(lst) / len(lst)
# 输出剩余元素列表和平均值
print(lst)
print(round(average,1))
```

问题与思考：该题也可以先使用 max()函数和 min()函数找到列表中的最大值和最小值，再对其进行删除，请完善下列程序。

```
lst = [9.1, 9.0, 8.1, 9.7, 19, 8.2, 8.6, 9.8]
# 删除列表中的最小值
____________________
# 删除列表中的最大值
____________________
# 计算剩余元素的平均值
average = sum(lst) / len(lst)
# 输出剩余元素列表和平均值
print(lst)
print(round(average,1))
```

3.2　元组

元组增删改查

知识精讲

元组（Tuple）是 Python 中的一种不可变序列类型，可以包含任意类型的数据，包括数字、字符串、列表、元组等。

一、创建元组

1. 使用小括号创建包含初始数据的列表

元组的定义方式是用小括号括起来，其中的元素用逗号分隔，示例代码如下。

```
my_tuple = (1, 2, 3, 4, 5)
```

也可以省略小括号，直接用逗号分隔一组值，示例代码如下。

```
my_tuple = 1, 2, 3, 4, 5
```

当元组中只包含一个元素时，需要在元素的后面添加逗号，否则括号会被当作运算符使用，示例代码如下。

```
my_tuple = (1,)
```

2. 创建空元组

示例代码如下。

```
tup1 = ()
```

二、操作元组

1. 访问元组

元组中的每个元素都有唯一的索引，开发者可以通过索引来访问、截取元组中的元素。与字符串、列表类似，元组的下标索引从 0 开始，示例代码如下。

```
city=('深圳','宁波','青岛','大连','厦门')
print('city[1]',city[1])
print('city[2:5]',city[2:4])
```

上述代码的运行结果如下。

```
city[1] 宁波
city[2:5] ('青岛', '大连')
```

2. 修改元组

与列表不同，元组中的元素一旦创建就不能修改，但可以对元组进行重新赋值或重新组合，示例代码如下。

```
city=('深圳','宁波')
print('原元组 city:',city)
print('原元组 city 地址内存: ',id(city))
city=('青岛','大连','厦门')
print('后元组 city:',city)
print('后元组 city 内存地址: ',id(city))
```

上述代码的运行结果如下。

```
原元组 city: ('深圳', '宁波')
原元组 city 地址内存:  2920266596160
后元组 city: ('青岛', '大连', '厦门')
后元组 city 内存地址:  2920266922816
```

从运行结果中可以发现，元组在经过重新赋值后，其内存地址已经发生变化，实际上重新形成了一个新的元组。

注意：在进行元组连接时，连接的内容必须都是元组。如果要连接的元组只有一个元素，则一定要在后面添加逗号。

3. 删除元组

元组中的元素是不允许删除的，但可以使用 del 语句来删除整个元组。

4. 元组运算符

与字符串一样，元组之间可以使用+、+=和*进行运算。元组可以组合和复制，运算后会生成一个新的元组，示例代码如下。

```
city=('深圳','宁波','青岛','大连','厦门')
city1=()
city2=()
city3=()
city1=city[0:2]
city2=city[2:4]
city3=city1+city2
print('city1',city1)
print('city2',city2)
print('city3',city3)
```

上述代码的运行结果如下。

```
city1 ('深圳', '宁波')
city2 ('青岛', '大连')
city3 ('深圳', '宁波', '青岛', '大连')
```

编程练习

例 3-2-1：字符串转换元组。通过键盘输入内容，并将其存放到元组中。

【解题思路】

1．使用 input()函数获取从键盘中输入的内容，并将其存储在一个变量中。

2．将输入的字符串以空格分隔，使用 split()方法将其分割成一个列表。

3．使用 tuple()函数将列表转换为元组。

4．使用 print()函数输出生成的元组。

程序参考代码如下。

```
# 通过键盘输入一些内容，以空格分隔
input_str = input("请输入一些内容，以空格分隔：")
# 将输入的字符串以空格分隔成一个列表
input_list = input_str.split()
# 将列表转换为元组
t = tuple(input_list)
# 输出元组
print("输入的元素为：", t)
```

程序运行结果如下。

```
请输入一些内容，以空格分隔：I am a student
输入的元素为： ('I', 'am', 'a', 'student')
```

问题与思考：如果要将输入的字符串中的每一个字符都转换成元组元素，则应该如何实现？例如，将“china”转换成('c', 'h', 'i', 'n', 'a')。

例 3-2-2：学生信息管理。使用元组保存表中的学生信息，并输出第一位学生的所有信息。

学　号	姓　名	性　别	籍　贯
230101	张三	男	北京
230102	李四	男	上海
230103	小王	女	杭州

【解题思路】

1．将每个学生的信息各用一个元组进行存储，代码如下。

```
student1 = ('230101', '张三', '男', '北京')
student2 = ('230102', '李四', '男', '上海')
student3 = ('230103', '小王', '女', '杭州')
```

2．将所有学生的信息都存储在一个元组中，代码如下。

```
students = (student1, student2, student3)
```

3．使用索引运算符来获取第一位学生的所有信息，代码如下。

```
print(students[0])
```

程序参考代码如下。

```
# 定义学生信息元组
student1 = ('230101', '张三', '男', '北京')
student2 = ('230102', '李四', '男', '上海')
student3 = ('230103', '小王', '女', '杭州')
# 将所有学生信息都存储在一个元组中
students = (student1, student2, student3)
# 输出第一位学生的所有信息
print(students[0])
```

问题与思考：在上述程序中，元组 students 中的元素为元组，可以使用多重索引方法来访问元组中的数据，如 students[0][1]表示第一位同学的姓名为“张三”。

思维训练

例 2-3-3：学生成绩管理。使用元组保存表中的学生信息，计算每位学生所有科目的总分，并将其添加到元组中。

学　号	姓　名	性　别	籍　贯	语　文	数　学	Python
230101	张三	男	北京	80	78	85
230102	李四	男	上海	78	86	79
230103	小王	女	杭州	75	91	92

【解题思路】

1. 定义每位学生的信息元组，包括学号、姓名、性别、籍贯和语文、数学、Python 三科的成绩，代码如下。

```
student1 = ('230101', '张三', '男', '北京', [80, 78, 85])
student2 = ('230102', '李四', '男', '上海', [78, 86, 79])
student3 = ('230103', '小王', '女', '杭州', [75, 91, 92])
```

2. 将所有学生的信息都存储在一个元组中。

```
students = (student1, student2, student3)
```

3. 对每位学生的成绩进行求和，并将总分添加到成绩列表中，代码如下。

```
student1[4].append(sum(student1[4]))
student2[4].append(sum(student2[4]))
student3[4].append(sum(student3[4]))
```

4. 输出每位学生的信息和总分。

程序参考代码如下。

```
# 定义每位学生的信息元组
student1 = ('230101', '张三', '男', '北京', [80, 78, 85])
student2 = ('230102', '李四', '男', '上海', [78, 86, 79])
student3 = ('230103', '小王', '女', '杭州', [75, 91, 92])
# 将所有学生的信息都存储在一个元组中
students = (student1, student2, student3)
# 计算每位学生的总分，并将其添加到成绩列表中
student1[4].append(sum(student1[4]))
student2[4].append(sum(student2[4]))
student3[4].append(sum(student3[4]))
# 输出每位学生的信息和总分
print(student1)
print(student2)
print(student3)
print(students)
```

问题与思考：试修改上述代码，通过直接操作 students 元组计算每位学生的总分并将其添加到成绩列表中。

注意：如果元组中包含可变对象（如列表），那么这些对象的值是可以修改的，但该对象存储在元组中的值（实际存储的是对象的内存地址）仍然不会改变。

3.3 字典与集合

理解字典

知识精讲

一、字典

字典是 Python 中常用的数据类型之一，可以用于存储具有键-值对结构的数据。字典与列表类似，也是可变序列；与列表不同的是，它是无序的可变序列。

1. 创建字典

字典是由一系列键-值对组成的无序集合，每个键-值对之间用逗号分隔，键和值之间用冒号分隔，整个字典用花括号括起来，其格式如下。

```
dictionary = {key1 : value1, key2 : value2,key3:value3,…}
```

参数说明如下。

- dictionary：表示字典名称。
- key1，key2，…：表示元素的键，必须是唯一的，并且不可变，可以用数字，字符串或元组充当，不能用列表。
- value1，value2，…：表示元素的值，可以是任意数据类型，不是必须唯一的。
- 不带任何参数的大括号：创建空字典。

创建一个表示个人信息的字典，示例代码如下。

```
person = {"name": "张三", "age": 18, "gender": "男"}
```

不允许同一个键出现两次。在创建字典时，如果同一个键被赋值了两次，则后一个值会被记住，示例代码如下。

```
person = {"name": "张三", "age": 18, "gender": "男","name":'李四'}
print(person)
```

上述代码的运行结果如下。

```
{'name': '李四', 'age': 18, 'gender': '男'}
```

在这个字典中，键“name”出现了两次，后面的键-值对会覆盖前面的键-值对。

2. 访问字典

可以使用键来访问字典中的值，语法是字典名[键]。例如，使用下面的代码来访问上面的字典中的值。

```
person = {"name": "张三", "age": 18, "gender": "男"}
```

```
print(person["name"])      # 输出: "张三"
print(person["age"])       # 输出: 18
print(person["gender"])    # 输出: "男"
```

注意：字典是通过键而不是索引来访问的，因此其键必须是唯一的。

3. 添加和修改字典

示例代码如下。

```
person = {"name": "张三", "age": 18, "gender": "男"}
person["address"] = "北京"
person["age"] = 20
print(person)
# 输出: {"name": "张三", "age": 20, "gender": "男", "address": "北京"}
```

如果键已经存在，则会修改对应的值；如果键不存在，则会添加新的键-值对。

4. 删除字典

示例代码如下。

```
person = {"name": "张三", "age": 18, "gender": "男"}
del person["gender"]         # 删除键是'gender'的条目
print(person)                # 输出: {"name": "张三", "age": 18}
person.clear()               # 清空字典的所有条目
del person
print(person)                # 抛出NameError异常: name 'person' is not defined
```

二、集合

集合（Set）是 Python 中的一种数据类型，用于存储一组无序不重复的元素。集合中的元素必须是可哈希的（不可变的），因此集合中不能包含列表、字典等可变类型的元素。集合支持基本的数学运算，如并集、交集、差集等。

1. 创建集合

开发者既可以使用大括号来创建集合，也可以使用 set()函数来创建集合，其语法格式如下。

```
setname={element1,element2,element3,…}
setname=set()
```

参数说明如下。

- setname：表示集合的名称。
- element1,element2,element3,…：表示集合的元素，元素不能重复。

- 如果要创建空集合，则必须使用 set()函数，因为使用大括号创建的空对象是一个空字典。

创建集合，示例代码如下。

```
# 使用大括号创建集合
s1 = {0, 2, 4, 6, 6}        # 集合会自动删除重复的元素
# 使用 set() 函数创建集合
s2 = set([5, 6, 7, 8])
print(s1)
print(s2)
```

上述代码的运行结果如下。

```
{0, 2, 4, 6}
{8, 5, 6, 7}
```

2. 集合的基本操作

（1）添加元素。

使用 add()方法和 update()方法向集合中添加多个元素，示例代码如下。

```
s = set()
s.add(1)
s.add(2)
s.update((3,4))
print(s)
```

上述代码的运行结果如下。

```
{1, 2, 3, 4}
```

（2）删除元素。

使用 remove()方法从集合中删除指定元素，示例代码如下。

```
s = {1, 2, 3, 4, 5}
s.remove(3)   #删除集合元素 3
```

使用 discard()方法从集合中删除指定元素，示例代码如下。

```
s = {1, 2, 3, 4, 5}
s.discard(5)        #删除集合元素 5
```

如果使用 remove()方法删除的元素不存在，则会抛出 KeyError 异常。这时可以使用 discard()方法删除指定元素，如果元素不存在，则不会抛出异常。

使用 pop()方法随机删除一个元素，示例代码如下。

```
s = {1, 2, 3, 4, 5}
s.pop()
```

注意：集合是无序的，因此不能指定要删除的元素的位置。

（3）清空集合。

使用 clear()方法清空集合，示例代码如下。

```
s = {1, 2, 3, 4, 5}
s.clear()
```

（4）集合运算。

集合支持基本的数学运算，如并集、交集、差集等。

对集合进行数学运算的方法包括，使用“|”运算符 union()方法求两个集合的并集；使用“&”运算符或 intersection()方法求两个集合的交集；使用“-”运算符或 difference()方法求两个集合的差集，即在第一个集合中但不在第二个集合中的元素，示例代码如下。

```
set1 = set([1, 2, 3])
set2 = set([2, 3, 4])
# 求两个集合的并集
result=set1 | set2   # 或 result = set1.union(set2)
print(result)
# 求两个集合的交集
result=set1 & set2   # 或 result = set1.intersection(set2)
print(result)
# 求两个集合的差集
result=set1 - set2   # 或 result = set1.difference(set2)
print(result)
```

代码的运行结果如下。

```
{1, 2, 3, 4}
{2, 3}
{1}
```

编程练习

例 3-3-1：员工工资。试用字典表示某公司员工的姓名和工资数据，添加、修改、删除、显示一条员工数据，并显示字典中的所有数据。

【解题思路】

1. 定义一个字典来表示员工姓名和工资数据。
2. 添加一条数据：使用字典的键-值对添加一条数据。
3. 修改一条数据：通过修改字典中对应键的值来实现。
4. 删除一条数据：使用 del 语句删除字典中的键-值对。

5．显示一条数据：通过键来访问对应的值。

6．显示字典中的所有数据：通过输出字典名称来输出字典内容。

程序参考代码如下。

```
# 定义字典，表示员工姓名和工资数据
staff = {'张三': 5000, '李四': 6000, '王五': 7000, '赵六': 8000}
staff['钱七'] = 9000                    # 新增一位员工
staff['张三'] = 5500                    # 将张三的工资改为 5500
del staff['王五']                       # 删除王五的员工数据
print("李四的工资是", staff['李四'])    # 输出李四的工资数据
print("员工工资：",staff)               # 输出所有员工工资
```

程序运行结果如下。

```
李四的工资是 6000
员工工资： {'张三': 5500, '李四': 6000, '赵六': 8000, '钱七': 9000}
```

说明： 在 Python 中，字典提供了 keys()方法、values()方法，用于返回字典的“键”和“值”，还提供了 items()方法，用于获取字典的键-值对。

问题与思考：试用 keys()方法、values()方法和 items()方法输出所有员工的姓名及对应的工资数据，以及所有员工的工资数据。

例 3-3-2：去除重复元素。编写一个程序，去除列表中的重复元素。

【解题思路】

1．将列表转换成集合，使用 set()函数进行转换。

2．集合会自动去除重复元素。

3．将集合转换回列表，使用 list()函数进行转换。

程序参考代码如下。

```
# 去除列表中的重复元素
list1 = [1, 2, 3, 2, 1, 4, 5, 4, 6]
result = list(set(list1))
print(result)
```

程序运行结果如下。

```
[1, 2, 3, 4, 5, 6]
```

3.4 布尔类型

知识精讲

布尔类型是 Python 中的一种基本数据类型，用于表示逻辑上的真或假。布

尔类型只有两个取值：True（真）和 False（假）。在 Python 中，True 和 False 是关键词，不可以作为变量名。比较运算、逻辑运算的返回结果一般为布尔值，以实现基于逻辑判断的程序控制。

1. 比较运算符

比较运算符也称关系运算符，用于对变量或表达式的结果进行比较，若其结果为真，则返回 True，否则返回 False，如表 3-2 所示。

表 3-2　比较运算符

比较运算符	说　明	举　例
>	大于	3>2，返回 True；'a'>'b'，返回 False
<	小于	3<2，返回 False；'a'<'b'，返回 True
==	等于	3==2，返回 False；'a'=='a'，返回 True
!=	不等于	3!=2，返回 True；'a'!='a'，返回 False
>=	大于或等于	3>=2，返回 True；'a'>='a'，返回 True
<=	小于或等于	3<=2，返回 False；'a'<='a'，返回 True

2. 逻辑运算符

在 Python 中，逻辑运算符包括 and（逻辑与）、or（逻辑或）和 not（逻辑非），一般用于操作返回值为布尔类型的表达式，按照表达式的值为 True（真）或 False（假），其逻辑运算规则如表 3-3 所示，运算结果如图 3-1 所示。

表 3-3　布尔类型的逻辑运算规则

逻辑运算符	说　明
and	逻辑与：只有两个操作数均为 True 才返回 True，否则返回 False
or	逻辑或：两个操作数任意一个为 True，则返回 True，否则返回 False
not	逻辑非：对操作数进行取反

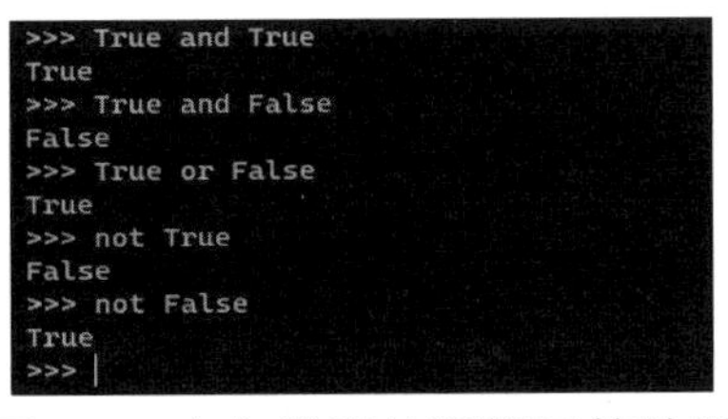

图 3-1　布尔类型的逻辑运算结果

实际上，在 Python 中，逻辑运算符的操作数可以是任意类型的值，其运算结果不一定是布尔类型。

在执行逻辑判断时，对于非布尔类型的对象判定规则如下。

True：非零数字、非空对象。

False：数字 0、None、空对象。

非布尔类型的逻辑运算规则如表 3-4 所示。

表 3-4 非布尔类型的逻辑运算规则

逻辑运算符	说明
and	如果第一个操作数为 False，则返回第一个操作数的值； 如果第一个操作数为 True，则返回第二个操作数的值
or	如果第一个操作数为 True，则返回第一个操作数的值； 如果第一个操作数为 False，则返回第二个操作数的值
not	如果操作数为 False，则返回 True； 如果操作数为 True，则返回 False

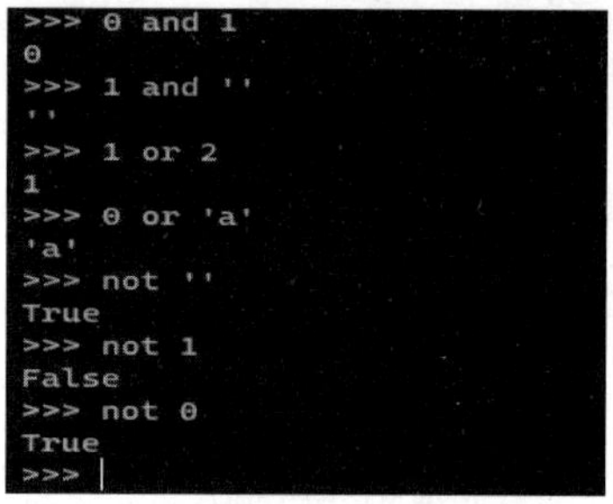

示例如下，其对应的代码的运行结果如图 3-2 所示。

0 and 1，返回 0；

1 and ''，返回''；

1 or 2，返回 1；

0 or 'a'，返回'a'；

not ''，返回 True；

not 1，返回 False；

not 0，返回 True。

```
>>> 0 and 1
0
>>> 1 and ''
''
>>> 1 or 2
1
>>> 0 or 'a'
'a'
>>> not ''
True
>>> not 1
False
>>> not 0
True
>>>
```

图 3-2 非布尔类型的逻辑运算结果

编程练习

例 3-4-1：判断下列表达式的值。

1. 100+10>100+20。

2. 2**2**3/2>20+5*10。

【解题思路】

1. 算术运算符的优先级要高于比较运算符。对于表达式 100+10>100+20，先计算左边的加法运算，得到 110；再计算右边的加法运算，得到 120；最后比较大小，因为 110 小于 120，所以整个表达式的值为 False。

2. 幂运算符的优先级高于除法运算符。对于表达式 2**2**3/2>20+5*10，先计算 2**2**3，由于幂运算的结合性是从右往左，因此先计算 2**3 得到 8，再计算 2**8 得到 256；再将 256 除以 2，得到 128；然后进行右边的乘法和加法运算，得到 20+50=70；最后比较大小，因为 128 大于 70，所以整个表达式的值为 True。

例 3-4-2：判断下列表达式的值。

1．student>study。

2．'student' > 'study'。

3．123>'100'。

4．123>int('100')。

【解题思路】

1．表达式 student>study，由于 student 和 study 没有定义，因此程序会提示错误。

```
>>> student >study
Traceback (most recent call last):
  File "<stdin>", line 1, in <module>
NameError: name 'student' is not defined
```

2．表达式'student' > 'study'可以比较字符串的大小，依次比较每个字符的 ASCII 码，前面的 stud 都一样，由于 e 的 ASCII 码小于 y 的 ASCII 码，因此结果为 False。

3．123 是数字类型，'100'是字符串类型，由于不同数据类型的值不能进行比较，因此在将'100'通过 int('100')函数转换后才能进行比较。

```
>>> 123>'100'
Traceback (most recent call last):
  File "<stdin>", line 1, in <module>
TypeError: '>' not supported between instances of 'int' and 'str'
```

思维训练

例 3-4-3：判断表达式 5<7−3 and 7 <9 or 5<9 的值。

【解题思路】

1．当同一个表达式同时出现多个不同类型的运算符时，将各运算符按照表 3-5 所示的优先级进行计算。其中上一行比下一行的优先级高，同一行的优先级相同，优先级相同则按照从左到右的顺序计算。

2．根据运算符的优先级，先计算 7−3，得到 4；再将 5<4 的值计算出来，得到 False；然后将 7<9 的值计算出来，得到 True；最后将 5<9 的值计算出来，得到 True。

3．计算 False and True or True 表达式的值，根据运算符的优先级，先计算 False and True 的值，得到 False；再将 False or True 的值计算出来，得到 True。

表 3-5 运算符优先级

运算符类型	运　算　符
算术运算符	**
	* 、/ 、%、 //
	+ 、-
成员运算符、关系运算符	in、not in、<、 <=、 > 、>=、 != 、==
逻辑运算符	not
	and
	or

🔑说明：要改变表达式中某些运算符的优先级，可以用小括号将其括起来，小括号拥有最高优先级。

问题与思考：判断表达式 5<7-3 and(7 <9 or 5<9)的值。

3.5 实战 1 随机分配办公室

任务要求

有 3 个办公室，8 位老师，请编写程序，将 8 位老师随机分配到 3 个办公室，并输出分配结果。

任务分析

1. 定义列表，列表元素包含 8 位老师。

2. 使用 random.shuffle()方法将列表中的元素随机排序，改变列表元素顺序。

3. 使用 random.randint(0,8)方法获取办公室 1 随机分配的人数 i，使用 random.randint(0,8-i)方法获取办公室 2 随机分配的人数 j，使用表达式 8-i-j 获取办公室 3 的分配人数 k。

4. 根据各办公室随机分配的人数对列表进行切片，并将结果保存到新的列表中。

5. 输出结果。

任务实施

程序参考代码如下。

```
import random
teachers = ['余老师', '张老师', '胡老师', '赵老师', '陈老师', '刘老师', '周老师',
'孙老师']
```

```
random.shuffle(teachers)  # 随机打乱列表顺序
i = random.randint(0,8)
j = random.randint(0,8-i)
k = 8-i-j
print(i,j,k)
office1 = teachers[:i]
office2 = teachers[i:i+j]
office3 = teachers[i+j:]
print("办公室 1: ", office1)
print("办公室 2: ", office2)
print("办公室 3: ", office3)
```

任务拓展

以上分配方案，存在个别办公室人数过多或过少的情况，请改善办公室分配方案，保证每个办公室至少分配两位老师。

3.6　实战 2　获取智能酒店设备状态

实现开关灯

任务要求

使用硬件平台模拟某智能酒店系统，使用人体红外传感器检测客人是否进入酒店房间，根据设定的条件自动开启红黄绿三色 LED 灯照明和调整温湿度（使用风扇模拟），提供良好的客户体验。为了实现这些功能，需要获取硬件平台各设备的状态数据，以便进行设备控制。请编写程序，发送相关指令，获取硬件平台设备的状态数据，并选择合适的数据类型保存数据，具体要求如下。

1. 开启蜂鸣器，获取蜂鸣器状态数据。
2. 关闭蜂鸣器，获取蜂鸣器状态数据。
3. 开启所有的 LED 灯，获取 LED 灯状态数据。
4. 关闭所有的 LED 灯，获取 LED 灯状态数据。
5. 开启红色 LED 灯，获取 LED 灯状态数据。
6. 开启黄色 LED 灯，获取 LED 灯状态数据。
7. 开启绿色 LED 灯，获取 LED 灯状态数据。
8. 开启红色和黄色 LED 灯，获取 LED 灯状态数据。
9. 开启风扇正转，获取风扇状态数据。
10. 关闭风扇，获取风扇状态数据。
11. 开启风扇反转，获取风扇状态数据。

任务分析

本任务要实现一个基于硬件平台的控制系统，通过串口通信控制各种硬件设备，获取设备的状态数据，并将其存放在字典中。下面是具体的任务分析。

1．导入必要的模块和库，并初始化串口。

2．定义一个字典变量，用于存储硬件平台设备的状态数据。字典中的每个键都代表一个硬件设备，值是该设备对应的状态信息，字典的初始值为空值。

3．发送蜂鸣器开关指令，获取蜂鸣器状态数据，并将其存入字典变量。首先发送开指令，等待 3 秒后获取状态数据，并将其存入字典；然后发送关指令，同样等待 3 秒后获取状态数据，并将其存入字典。

4．发送 LED 开关指令，获取 LED 状态数据，并将其存入字典变量。依次发送全开、全关、红灯、黄灯、绿灯、红黄灯、红绿灯、黄绿灯指令，等待 3 秒后获取状态数据，并将其存入字典。

5．发送风扇开关指令，获取风扇状态数据，并将其存入字典。依次发送正转、停止、反转指令，等待 3 秒后获取状态数据，并将其存入字典。

6．输出存储在字典中的各设备的状态信息，以查看硬件设备的状态。

任务实施

1．导入必要的模块和库，初始化串口

```
from time import sleep
from JtPythonBCPToHardware import *
mySerial = SerialTool("com3")
```

2．定义字典，存储硬件平台设备的状态数据

```
#定义字典，存储硬件平台设备的状态数据
sensors_config= {
   "LED灯":{
       "红灯开启":"",
       "黄灯开启":"",
       "绿灯开启":"",
       "全开":"",
       "全关":"",
       "红黄开启":"",
       "红绿开启":"",
       "黄绿开启":""},
   "风扇":{
       "正转":"",
```

```
        "反转":"",
        "停止":""},
    "蜂鸣器":{
        "开":"",
        "关":""}
    }
```

3. 发送蜂鸣器开关指令，获取蜂鸣器状态数据

```
print('蜂鸣器开')
mySerial.hardwareSend(HardwareType.buzzer,HardwareCommand.control,
HardwareOperate.BUZZERON)
sleep(3)
print('蜂鸣器开状态数据：',mySerial.buzzerData)
sensors_config["蜂鸣器"]["开"]=mySerial.buzzerData
print('蜂鸣器关')
mySerial.hardwareSend(HardwareType.buzzer,HardwareCommand.control,
HardwareOperate.BUZZEROFF)
sleep(3)
print('蜂鸣器状态关数据：',mySerial.buzzerData)
sensors_config["蜂鸣器"]["关"]=mySerial.buzzerData
sleep(3)
```

4. 发送 LED 开关指令，获取 LED 状态数据

```
print("LED 全开")
mySerial.hardwareSend(HardwareType.led,HardwareCommand.control,
HardwareOperate.LEDALLON)
sleep(3)
print("LED 全开状态数据:",mySerial.ledData)
sensors_config["LED 灯"]["全开"]=mySerial.ledData
print('LED 全关')
mySerial.hardwareSend((HardwareType.led),HardwareCommand.control,
HardwareOperate.LEDALLOFF)
sleep(3)
print("LED 全关状态数据:",mySerial.ledData)
sensors_config["LED 灯"]["全关"]=mySerial.ledData
print('打开红灯')
mySerial.hardwareSend((HardwareType.led),HardwareCommand.control,
HardwareOperate.LEDREDON)
sleep(3)
print('LED 红灯亮状态数据:',mySerial.ledData)
sensors_config["LED 灯"]["红灯开启"]=mySerial.ledData
print('打开黄灯')
```

```
mySerial.hardwareSend((HardwareType.led),HardwareCommand.control,
HardwareOperate.LEDYELLOWON)
sleep(3)
print('LED 黄灯亮状态数据:',mySerial.ledData)
sensors_config["LED 灯"]["黄灯开启"]=mySerial.ledData
print('打开绿灯')
mySerial.hardwareSend((HardwareType.led),HardwareCommand.control,
HardwareOperate.LEDGREENON)
sleep(3)
print('LED 绿灯亮状态数据:',mySerial.ledData)
sensors_config["LED 灯"]["绿灯开启"]=mySerial.ledData
print('打开红黄灯')
mySerial.hardwareSend((HardwareType.led),HardwareCommand.control,
mySerial.multiple2LED(HardwareOperate.LEDREDON,HardwareOperate.LEDYELLOWON))
sleep(3)
print('LED 红黄灯亮状态数据:',mySerial.ledData)
sensors_config["LED 灯"]["红黄开启"]=mySerial.ledData
print('打开红绿灯')
mySerial.hardwareSend(HardwareType.led,HardwareCommand.control,
mySerial.multiple2LED(HardwareOperate.LEDREDON,HardwareOperate.LEDGREENON))
sleep(3)
print('LED 红绿灯亮状态数据:',mySerial.ledData)
sensors_config["LED 灯"]["红绿开启"]=mySerial.ledData
print('打开黄绿灯')
mySerial.hardwareSend(HardwareType.led,HardwareCommand.control,
mySerial.multiple2LED(HardwareOperate.LEDYELLOWON,HardwareOperate.LEDGREENON))
sleep(3)
print('LED 黄绿灯亮状态数据:',mySerial.ledData)
sensors_config["LED 灯"]["黄绿开启"]=mySerial.ledData
```

5. 发送风扇开关指令，获取风扇状态数据

```
print('风扇正转')
mySerial.hardwareSend(HardwareType.fan,HardwareCommand.control,
HardwareOperate.FANFORON)
sleep(3)
print('风扇正转状态数据:',mySerial.fanData)
sensors_config["风扇"]["正转"]=mySerial.fanData
print('风扇停止')
mySerial.hardwareSend(HardwareType.fan,HardwareCommand.control,
HardwareOperate.FANOFF)
sleep(3)
print('风扇停止状态数据:',mySerial.fanData)
```

```
sensors_config["风扇"]["停止"]=mySerial.fanData
print('风扇反转')
mySerial.hardwareSend(HardwareType.fan,HardwareCommand.control,
HardwareOperate.FANREVON)
sleep(3)
print('风扇反转状态数据:',mySerial.fanData)
sensors_config["风扇"]["反转"]=mySerial.fanData
```

6. 输出各设备的状态数据

```
print(sensors_config)    #输出设备的状态数据
```

7. 将获取的硬件平台各设备的状态数据填入表 3-6

表 3-6　硬件平台各设备的状态数据

设备运转状态	设备状态数据
人体红外传感器（有人）	01
人体红外传感器（无人）	00
红色 LED 灯开启	
黄色 LED 灯开启	
绿色 LED 灯开启	
风扇停止	
风扇正转	
风扇反转	
蜂鸣器鸣叫	
蜂鸣器静音	

本章小结

列表、元组、字典、集合及布尔类型是 Python 中常用的数据类型。列表是一种有序、可变的数据类型，可以存储任意类型的数据，包括数字、字符串、列表、元组等。元组和列表类似，但它是不可变的，一旦创建就不能修改。字典是一种键-值对的数据类型，字典的键必须是不可变类型的，开发者可以通过键来检索对应的值。集合是一种无序、不重复的数据类型，集合的元素必须是不可变类型的，可以用来去除列表或元组中的重复元素。布尔类型是一种只有 True 和 False 两个值的数据类型，通常用来表示逻辑值或条件判断的结果。

第4章 Python 选择结构

学习目标

■ 了解选择结构的基本概念和使用方法
■ 掌握 if 语句的基本结构和语法规则
■ 理解条件判断和逻辑运算符的使用方法
■ 能够运用 if 语句编写简单的程序

学习重点和难点

■ if 语句的基本结构和语法规则
■ 编写较复杂的逻辑表达式，有一定的将实际问题转换为代码的能力

思维导图

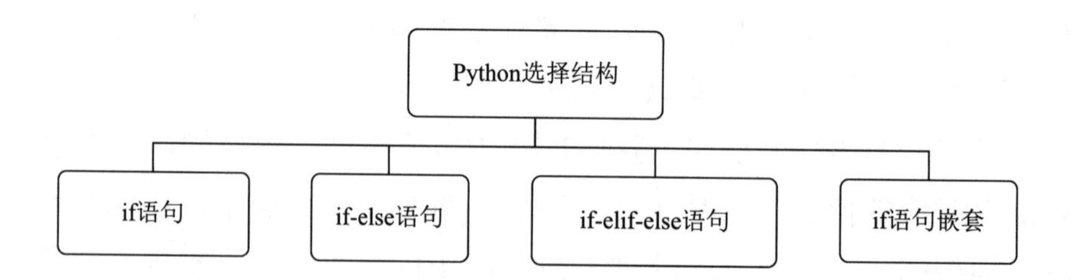

本章导论

在 Python 中，选择结构是一种常用的编程结构，可以根据条件的真假执行不同的代码块。选择结构通常包括 if 语句、elif 语句和 else 语句。通过选择结构，开发者可以编写更加灵活、智能的程序，以满足不同场景下的需求。

4.1　if 与 else 语句

if 语句

知识精讲

在实际生活中，人们经常要做出各种选择，如外出旅游时会根据天气情况决定是否出行，购买商品时会比较商品的价格决定是否购买等。即使计算机程序能够解决一些问题，但也经常要做出选择。例如，在验证用户登录时，计算机会根据输入的用户名和密码是否正确来决定用户能否登录；依据学生考试分数给出不同的成绩等级等。

1. if 语句

if 语句用于判断一个条件是否成立，如果条件成立，则执行指定的代码块。if 语句的基本语法如下。

```
if 条件:
    代码块
```

其中，条件可以是一个布尔值、变量，也可以是一个表达式。如果表达式的值为 True，则执行代码块中的内容。if 语句的流程图如图 4-1 所示。

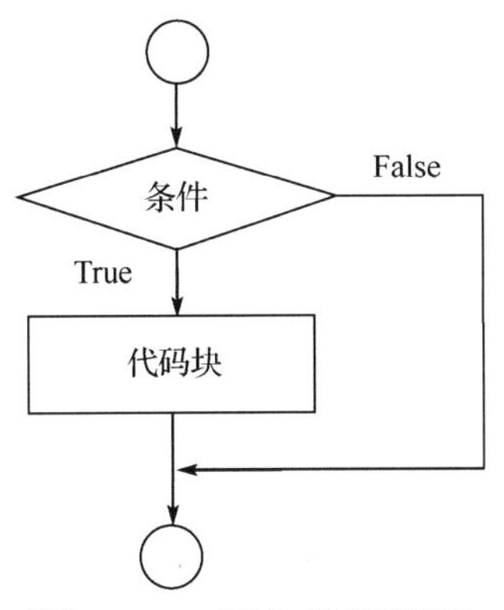

图 4-1　if 语句的流程图

> 注意：在执行逻辑判断时，对于非布尔类型对象的判定规则如下。
> True：非零数字、非空对象；False：数字 0、None、空对象。

2. if-else 语句

if-else 语句用于判断一个条件是否成立，如果条件成立，则执行指定的代码块 1，否则执行另一个代码块 2。if-else 语句的基本语法格式如下。

```
if 条件:
    代码块 1
else:
```

```
    代码块 2
```

if-else 语句的流程图如图 4-2 所示。其中，条件是一个返回布尔值的表达式，如果表达式的值为 True，则执行代码块 1 中的内容，否则执行代码块 2 中的内容。

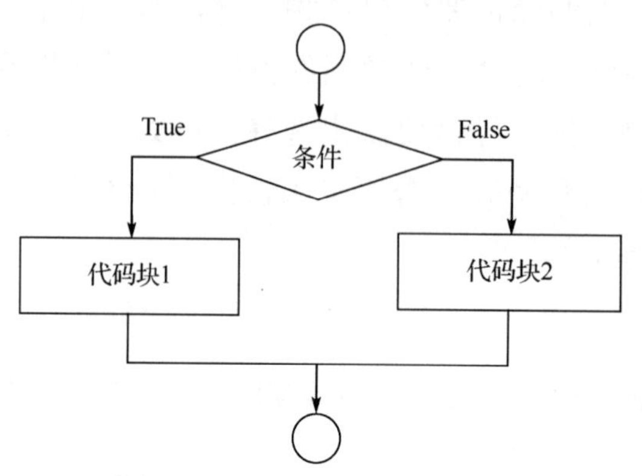

图 4-2 if-else 语句的流程图

注意：代码块 1 和代码块 2 必须缩进，且缩进的空格数必须保持一致。

编程练习

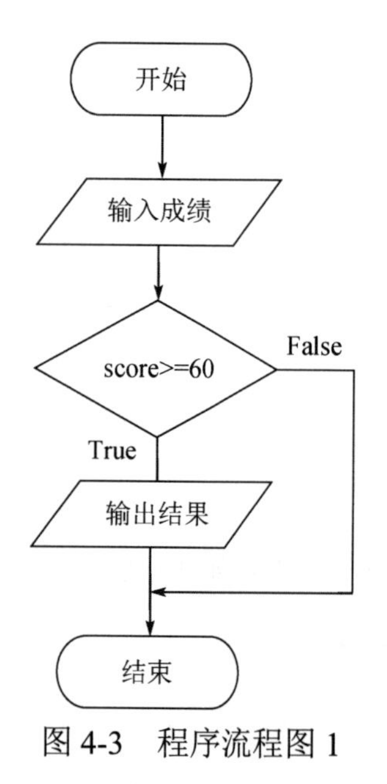

图 4-3 程序流程图 1

例 4-1-1：判断成绩是否及格。设计一个程序，输入学生的成绩，如果成绩大于或等于 60，则输出“成绩合格”。

【解题思路】

1．使用 input()函数输入学生成绩，使用 float()函数将输入的成绩转换成浮点数，定义一个变量 score，存储输入的成绩。

2．使用 if 语句判断输入的成绩是否大于或等于 60，构建条件表达式 score>=60，如果表达式为真（True），则输出“成绩合格”；如果表达式为假（False），则跳过输出“成绩合格”的语句，输出“程序结束”。程序执行流程如图 4-3 所示。

3．输出“程序结束”。

程序参考代码如下。

```
score=float(input("请输入你的成绩："))
if score>=60:
    print("成绩合格！")
```

```
print("程序结束！")
```

例 4-1-2：判断奇偶数。设计一个程序，输入一个整数，判断这个数是奇数还是偶数，并输出判断结果。

【解题思路】

1．使用 input()函数，输入学生成绩，使用 int()函数，将输入成绩转换成整数，定义一个变量 num，存储输入的整数。

2．构建表达式：num%2==0，如果表达式为真，则说明该数除以 2 的余数为零，则该数是偶数，否则是奇数，程序执行流程如图 4-4 所示。

3．程序结束。

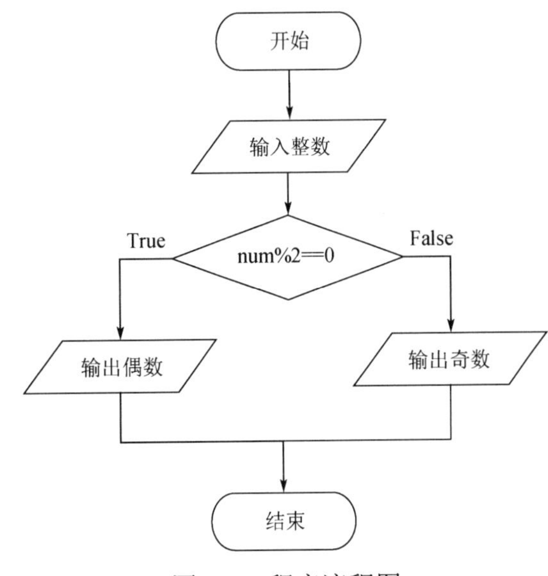

图 4-4　程序流程图 2

程序参考代码如下。

```
num=int(input("请输入一个整数："))
if num%2==0:
    print("这个数是偶数！")
else:
    print("这个数是奇数！")
```

思维训练

例 4-1-3：判断三角形。设计一个程序，输入三角形的三条边，判定能否构成一个三角形。

【解题思路】

1．使用 input()函数输入三角形的三条边，使用 float()函数将输入的数值转换成浮点数，分别存储到变量 a、b、c 中。

2．依据数学定理：构成三角形的条件为任意两边之和大于第三边。

构建三角形的条件表达式：a+b>c and a+c>b and b+c>a。如果表达式为真，则说明三条边能构成三角形，否则不能构成三角形。

程序参考代码如下。

```
a = float(input("请输入三角形第一条边的长度："))
b = float(input("请输入三角形第二条边的长度："))
c = float(input("请输入三角形第三条边的长度："))
```

```
if a+b > c and a+c > b and b+c > a:
    print("可以构成三角形")
else:
    print("不能构成三角形")
```

问题与思考：如何判断一个字符是否为字母？如何判断某个年份是否为闰年？

程序参考代码如下。

```
ch = input("请输入一个字符：")
if ch >= 'a' ________ ch <= 'z' or ch >= 'A' and __________:
    print("这是一个字母")
else:
    print("这不是一个字母")
```

例 4-1-4：邮箱判断。设计一个程序，判断用户输入的邮箱地址是否合法。

【解题思路】

1．让用户输入一个字符串，作为邮箱地址。

2．使用成员运算符 in 判断该字符串中是否包含“@”和“.”这两个字符，如果都包含则认为是合法的邮箱地址。

3．如果字符串中不包含“@”或“.”，则判断该字符串为不合法的邮箱地址。

4．根据判断结果输出合适的提示信息。

程序参考代码如下。

```
email = input("请输入邮箱地址：")    # 输入一个字符串，作为邮箱地址
# 判断该字符串中是否包含“@”和“.”这两个字符
if '@' in email and '.' in email:
  print("邮箱地址合法")
else:
  print("邮箱地址不合法")
```

4.2 elif 语句

elif 语句

知识精讲

Python 中的多分支选择结构可以使用 if-elif-else 语句来实现。if-elif-else 语句的基本语法格式如下。

```
if 条件 1:
    代码块 1
elif 条件 2:
    代码块 2
```

```
elif 条件 3:
    代码块 3
…
else:
    代码块 n
```

如果 if 语句后面的条件成立，则执行代码块 1；如果条件不成立，则继续执行下一个 elif 语句，直到条件成立。如果所有的 elif 语句都不成立，则执行 else 语句中的代码块 *n*，流程图如图 4-5 所示。

> **注意：** if 语句和 elif 语句均需要判断条件的真假，而 else 语句不需要；另外，elif 语句和 else 语句都必须和 if 语句一起使用，不能单独使用。

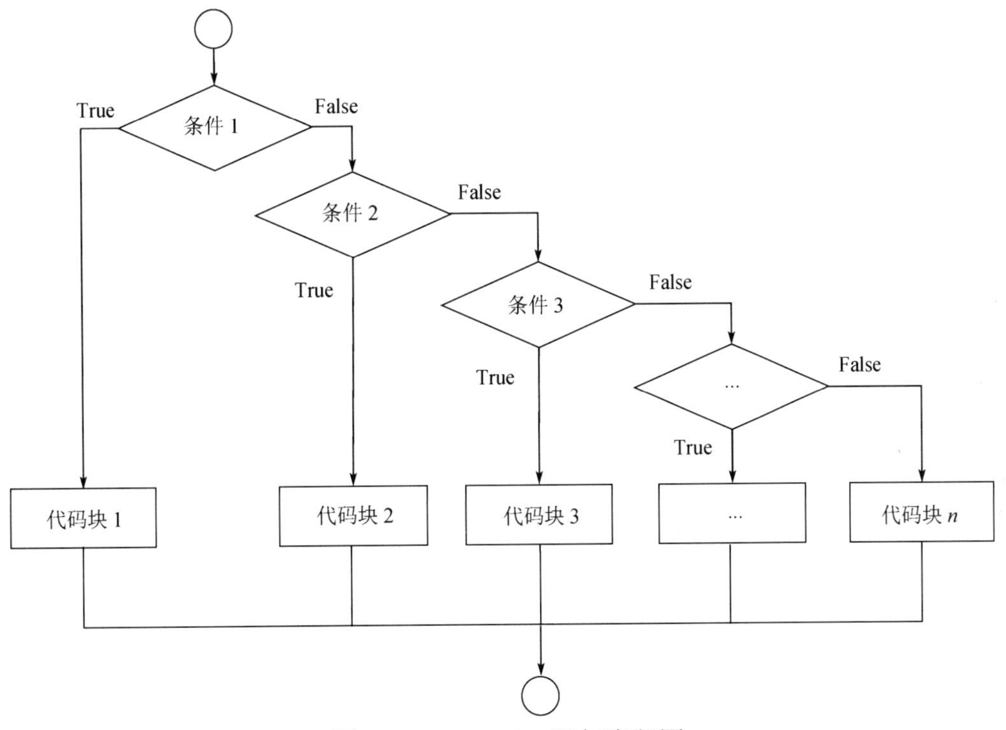

图 4-5　if-elif-else 语句流程图

编程练习

例 4-2-1：判断成绩等级。根据输入的成绩，输出相应的等级。成绩等级的划分规则如下。

90 分及以上为 A 级。

80～89 分为 B 级；

70～79 分为 C 级；

60～69 分为 D 级；

60 分以下为 E 级。

【解题思路】

1. 依照题目要求，成绩有五个等级 A、B、C、D、E，即存在五种可能，至少判断 4 次才能覆盖所有情况。

2. 每一次判断均需要构建一个条件表达式，共需 4 个表达式。

3. 要注意条件出现的顺序，依次假设各种可能，不要遗漏。一旦满足 if-elif 语句中的条件，后面的 elif 语句和 else 语句均不再执行。

程序代码如下。

```
score = float(input("请输入成绩："))
if score >= 90:
  print("成绩等级为 A")
elif score >= 80:
  print("成绩等级为 B")
elif score >= 70:
  print("成绩等级为 C")
elif score >= 60:
  print("成绩等级为 D")
else:
  print("成绩等级为 E")
```

问题与思考：试着改变程序中条件表达式的判断顺序，验证程序的正确性。

例 4-2-2：判断奖励。根据输入的销售额，判断奖励金额。奖励金额的划分规则如下。

销售额在 10 万元以下，无奖励；

销售额在 10 万～20 万元之间，奖励 1000 元；

销售额在 20 万～50 万元之间，奖励 3000 元；

销售额在 50 万～100 万元之间，奖励 5000 元；

销售额在 100 万元以上，奖励 10000 元。

程序参考代码如下。

```
sales = float(input("请输入销售额："))
if sales < 100000:
  print("无奖励")
elif sales < 200000:
  print("奖励 1000 元")
elif sales < 500000:
  print("奖励 3000 元")
elif sales < 1000000:
```

```
  print("奖励 5000 元")
else:
  print("奖励 10000 元")
```

思维训练

例 4-2-3：编写一个程序，从三个数字中找出最大值并输出。

【解题思路】

1. 使用 input()函数获取用户输入的三个数字。
2. 将输入的数字使用 int()函数转换成整数并赋值给变量 a、b、c。
3. 使用 if 语句判断 a 的值是否为最大值：a >= b and a >= c。
4. 使用 elif 语句判断 b 的值是否为最大值：b >= a and b >= c。
5. 如果 a 和 b 均不是最大值，则使用 else 语句输出 c 的值。

程序参考代码如下。

```
a = int(input("请输入第一个数字: "))
b = int(input("请输入第二个数字: "))
c = int(input("请输入第三个数字: "))
if a >= b and a >= c:
  print("最大值为: %d。" % a)
elif b >= a and b >= c:
  print("最大值为: %d。" % b)
else:
  print("最大值为: %d。" % c)
```

例 4-2-4：石头剪刀布游戏。编写一个程序，实现用户和计算机之间玩石头剪刀布游戏。

【解题思路】

1. 导入 random 模块，使用 random.choice()方法随机从列表["石头","剪刀","布"]中选择一个元素，作为计算机的手势。

2. 使用 input()函数获取用户输入的手势，这里使用字符“石头”“剪刀”“布”。

3. 使用 if 语句判断用户输入的手势和计算机随机生成的手势之间的胜负关系，共有三种情况：用户赢、用户输、平局，并输出对应的提示信息。

4. 判断关键是用户赢的条件，这里分三种情况，满足其中一个即可，构建以下条件表达式。

(player == "石头" and computer == "剪刀") or (player == "剪刀" and computer == "布") or (player == "布" and computer == "石头")

程序参考代码如下。

```
import random
print("欢迎来到石头剪刀布游戏！")
player = input("请出拳（石头、剪刀、布）：")
computer = random.choice(["石头", "剪刀", "布"])
print("你出了：%s，计算机出了：%s" % (player, computer))
if player == computer:
    print("平局！")
elif (player == "石头" and computer == "剪刀")    \
        or (player == "剪刀" and computer == "布") \
        or (player == "布" and computer == "石头"):
    print("你赢了！")
else:
    print("你输了！")
```

问题与思考：在使用 input()函数获取用户输入的手势时，让用户进行选择：1.石头 2.剪刀 3.布，请修改上述程序，实现该功能。

4.3 if 语句嵌套

运算逻辑

知识精讲

if 嵌套结构是指在一个 if 语句中嵌套另一个 if 语句，依次类推，形成多层嵌套的选择结构。if 嵌套结构是 Python 编程中非常常见的一种结构，其语法格式如下，开发者通过它可以实现更加复杂的逻辑判断，进而增强程序的灵活性和适应性。

```
if  条件1:
    if 条件2:
        # 条件1和条件2同时成立时执行的代码
    else:
        # 条件1成立但条件2不成立时执行的代码
else:
        # 条件1不成立时执行的代码
```

if 嵌套的外层和内层均可包含 elif 语句，形成更复杂的嵌套关系。if 嵌套结构可以嵌套多层，每一层都可以有自己的条件和代码块，以实现更加复杂的逻辑判断。需要注意的是，一旦嵌套的层数过多，代码的可读性将会降低，因此需要合理设计程序结构，避免过度嵌套。

编程练习

例 4-3-1：判断偶数的大小。设计一个程序，根据用户的输入判断是否为偶数，如果是偶数则判断是否大于 100，如果大于 100 则输出“偶数大于 100”，否则输出“偶数小于或等于 100”。

【解题思路】

先参照例 4-1-2 中的方法，判断输入的数是否为偶数，如果是偶数，则再次使用 if-else 语句判断该数是否大于 100，并输出相应的结果。

程序参考代码如下。

```
num = int(input("请输入一个数字: "))
if num % 2 == 0:
    if num > 100:
        print("偶数大于 100")
    else:
        print("偶数小于等于 100")
else:
    print("输入的不是偶数")
```

例 4-3-2：判断三角形类型。设计一个程序，根据输入的边长，判定能否组成三角形，如果能组成三角形，则按边对三角形进行分类（等边、等腰、普通）。

【解题思路】

1. 获取三角形的三条边，并将其转换成浮点数，保存到变量 a、b、c 中。

2. 依据数学定理：构成三角形的条件为任意两边之和大于第三边，构建三角形条件表达式：a+b>c and a+c>b and b+c>a。

3. 如果上面的条件成立，则进一步判断三角形的类型，共有三种情况，需判断两次，构建两个条件表达式。

构建等边三角形条件表达式：a==b==c。

构建等腰三角形条件表达式：a==b or a==c or b==c。

程序参考代码如下。

```
# 获取用户输入的三条边长
a = float(input("请输入第一条边长: "))
b = float(input("请输入第二条边长: "))
c = float(input("请输入第三条边长: "))
# 判断三角形类型
if a + b > c and a + c > b and b + c > a:
    if a == b == c:
        print("这是一个等边三角形")
```

```
    elif a == b or a == c or b == c:
        print("这是一个等腰三角形")
    else:
        print("这是一个普通三角形")
else:
    print("这不是一个三角形")
```

思维训练

例 4-3-3：判断水仙花数。水仙花数是指一个三位数，其各位数的立方和等于该数，如 $153=1^3+5^3+3^3$。设计一个程序，从键盘中输入一个数，先判断是否为三位数，再判断是否为水仙花数。

【解题思路】

1．先判断输入的数 num 是否为三位数，可以使用 len()函数获取输入数的位数，构建条件表达式：len(num)!=3 或 len(num)==3。

2．如果是三位数，则进一步判断是否为水仙花数，可参照例 2-2-4 中的方法获取该数的百位、十位和个位数（这里分别用变量 hundreds、tens、units 表示百位、十位和个位数），也可以使用字符串截取方法获取各位数。

```
hundreds = int(num[0])
tens = int(num[1])
units = int(num[2])
```

3．判断该数各位数的立方和与该数是否相等，构建条件表达式：int(num)==hundreds ** 3 + tens ** 3 + units ** 3。

4．注意数据类型的转换。

程序参考代码如下。

```
num = input("请输入一个数字：")
if len(num) != 3:            # 判断输入的数字是否为三位数
    print(num, "不是三位数")
else:
    # 取出数字的百位，十位和个位数
    hundreds = int(num[0])
    tens = int(num[1])
    units = int(num[2])
    # 求出数字各位的三次幂之和
    sum = hundreds ** 3 + tens ** 3 + units ** 3
    if int(num) == sum:    # 如果数字各位的三次幂之和等于原始数字
        print(num, "是水仙花数")
    else:
        print(num, "不是水仙花数")
```

例 4-3-4：判断酒驾。设计一个程序，实现输入驾驶员每 100ml 血液中酒精的含量，判断是否构成酒驾或醉驾。

【解题思路】

1．使用 input()函数获取驾驶员每 100ml 血液中酒精的含量，存储到 proof 变量中。

2．使用 if 语句进行判断，如果 proof 小于 20，则输出“驾驶员不构成酒驾”，否则进入 else 语句。

3．在 else 语句中，使用嵌套的 if 语句做进一步判断，如果 proof 小于 80，则输出“驾驶员已构成酒驾”，否则输出“驾驶员已构成醉驾”。

程序参考代码如下。

```
# 获取驾驶员每 100ml 血液中酒精的含量
proof = int(input("输入驾驶员每 100ml 血液中酒精的含量："))
# 判断是否构成酒驾或醉驾
if proof < 20:                # 如果酒精含量小于 20，则不构成酒驾
  print("驾驶员不构成酒驾")
else:                         # 否则进入 else 语句
  if proof < 80:              # 如果酒精含量小于 80，则构成酒驾
     print("驾驶员已构成酒驾")
  else:                       # 否则构成醉驾
     print("驾驶员已构成醉驾")
```

4.4　实战 1 验证用户名和密码

任务要求

判断用户名和密码。设计程序，从键盘中输入用户名和密码，要求先判断用户名再判断密码，如果用户名不正确，则直接提示用户名输入有误；如果用户名正确，则进一步判断密码，并给出判断结果的提示；用户名和密码分别存储在两个列表中，按顺序一一对应。

任务分析

1．准备正确的用户名和密码。定义两个列表分别存储用户名和密码。

2．输入用户名和密码。使用 input()函数接收用户的输入。

3．判断用户名是否正确。通过成员运算符 in 判断用户名是否在用户名列表中。

4．如果输入的用户名在列表中，则使用列表方法 index()获取该用户名在

列表中的索引。

5．进一步判断输入的密码是否与该用户名对应的密码一致（通过用户名返回的索引位置查找对应的密码）。

6．如果密码正确，则输出“登录成功！”，否则输出“密码输入有误！”。

7．如果用户名不在用户名列表中，则直接输出“用户名输入有误！”。

8．需要注意，该程序中的用户名列表和密码列表是一一对应的，即第一个用户名对应第一个密码，第二个用户名对应第二个密码，依次类推。

任务实施

```
# 定义用户名和密码列表
usernames = ["user1", "user2", "user3"]
passwords = ["password1", "password2", "password3"]
# 从键盘中输入用户名和密码
username_input = input("请输入用户名：")
password_input = input("请输入密码：")
# 判断用户名是否正确
if username_input in usernames:
    # 获取用户名在列表中的索引
    index = usernames.index(username_input)
    # 判断密码是否正确
    if password_input == passwords[index]:
        print("登录成功！")
    else:
        print("密码输入有误！")
else:
    print("用户名输入有误！")
```

4.5 实战 2 智能路灯广告控制

LED 打字

任务要求

基于硬件平台的光照度传感器和红黄绿三色 LED 灯，开发智能路灯系统，当光照度低于设定值时，自动触发红色 LED 灯开启；当光照度高于设定值时，自动触发绿色 LED 灯开启。基于人体红外传感器和 LCD 显示屏，开发智能广告牌系统，当检测到行人经过时，自动触发广告播放。

任务分析

1．导入必要的模块和库，包括 time 库和 JtPythonBCPToHardware 库，前

者用于处理时间等相关操作，后者用于连接硬件平台和发送指令。

2. 创建 SerialTool 对象，并指定串口号，以便与硬件平台进行通信。

3. 向硬件平台发送获取环境光照度的指令，并等待平台响应，以获取当前环境的光照度。

4. 通过键盘输入光照度设定值，并判断当前光照度是否小于设定值。如果小于设定值，则控制红色 LED 灯开启，否则控制绿色 LED 灯开启。

5. 向硬件平台发送获取人体红外传感器数据的指令，并等待平台响应，以获取当前检测的数据。

6. 根据获取的人体红外数据，判断是否检测到行人经过。如果检测到行人经过，则控制 LCD 显示屏显示欢迎信息并开启蜂鸣器，否则显示“当前没人”并关闭蜂鸣器，以实现智能广告牌系统的功能。

任务实施

```
# 导入必要的模块
from time import sleep
from JtPythonBCPToHardware import *
# 创建 SerialTool 对象，指定串口号为 com3
mySerial = SerialTool("com3")
# 定义广告信息
adverts = '欢迎使用数字虚拟教学仿真硬件平台！'
# 向硬件平台发送获取环境光照度的指令
mySerial.hardwareSend(HardwareType.illumination, HardwareCommand.get, "")
# 等待 1s，等待平台响应
sleep(1)
# 输出当前环境的光照度
print('当前环境光照度：' + str(mySerial.illuminationData))
# 获取用户输入的光照度设定值
illumination = input('请输入光照设定值：')
# 如果当前光照度小于设定值，则控制红色 LED 灯开启，否则控制绿色 LED 灯开启
if mySerial.illuminationData < float(illumination):
    mySerial.hardwareSend(HardwareType.led, HardwareCommand.control, 
HardwareOperate.LEDREDON)
    sleep(1)
else:
    mySerial.hardwareSend(HardwareType.led, HardwareCommand.control, 
HardwareOperate.LEDGREENON)
    sleep(1)
# 获取人体红外传感器数据，并根据数据控制 LCD 显示屏和蜂鸣器的开关
```

```
mySerial.hardwareSend(HardwareType.infrared, HardwareCommand.get, '')
sleep(1)
print(mySerial.infraredData)
# 如果检测到行人经过，则显示欢迎信息并开启蜂鸣器，否则显示"当前没人"并关闭蜂鸣器
if mySerial.infraredData == '01':
   mySerial.hardwareSend(HardwareType.lcd, HardwareCommand.control,
adverts)
   sleep(1)
   mySerial.hardwareSend(HardwareType.buzzer, HardwareCommand.control,
HardwareOperate.BUZZERON)
   sleep(1)
else:
   mySerial.hardwareSend(HardwareType.lcd, HardwareCommand.control, '当前没人')
   sleep(1)
   mySerial.hardwareSend(HardwareType.buzzer, HardwareCommand.control,
HardwareOperate.BUZZEROFF)
   sleep(1)
```

任务拓展

该程序为顺序结构，从上到下执行一次后，程序结束，不能连续监测光照度和行人状态。要想实现不间断地监测光照度数据和行人状态并执行相关指令，请思考程序应该如何调整。（待学完第 5 章内容后，修改并完善该程序。）

本章小结

在 Python 编程中，if 语句是一种用来进行条件判断的语句，根据判断结果可以执行不同的代码块。if 语句的条件可以是任意表达式，包括比较、逻辑、成员、身份等运算符。if 语句常见的格式包括 if、if-else、if-elif-else 和 if 嵌套。其中，if 语句用于判断一个条件是否成立，如果成立则执行相应的代码块，否则不执行；if-else 语句在 if 语句的基础上增加了一个 else 分支，用于在条件不成立时执行另一段代码；if-elif-else 语句在 if-else 语句的基础上增加了多个 elif 分支，用于在多个条件中选择一个分支执行；if 嵌套语句是指在 if 语句中再加上一个 if 语句，可以根据多个条件进行嵌套判断，使得程序更加灵活。在使用 if 语句时，需要注意缩进问题，代码块必须缩进 4 个空格或一个制表符。if 语句是 Python 编程中非常重要的语句之一，掌握其用法可以让程序更加灵活、智能，提高编程效率。

第5章

Python 循环结构

学习目标

- 理解循环结构的概念和基本原理
- 掌握 for 循环和 while 循环的语法和用法
- 熟悉 break 语句和 continue 语句的使用方法和注意事项
- 理解循环条件的设置和循环体内代码的设计原则

学习重点和难点

- 合理设置循环条件，避免死循环
- 使用循环嵌套解决较复杂的问题
- 优化循环结构，提升循环效率

思维导图

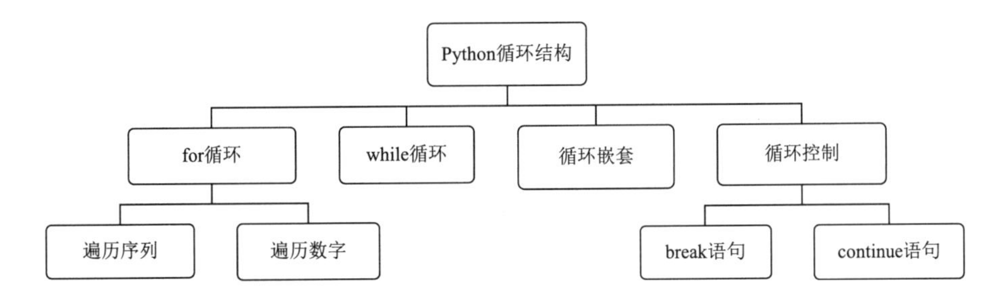

本章导论

循环结构是程序设计中重要的基本结构之一，它可以重复执行一段代码直到满足退出条件。Python 提供了两种主要的循环结构，分别是 for 循环和

while 循环。循环结构可以配合条件语句、函数及其他结构来实现复杂的逻辑功能。

5.1 for 循环

for 循环

知识精讲

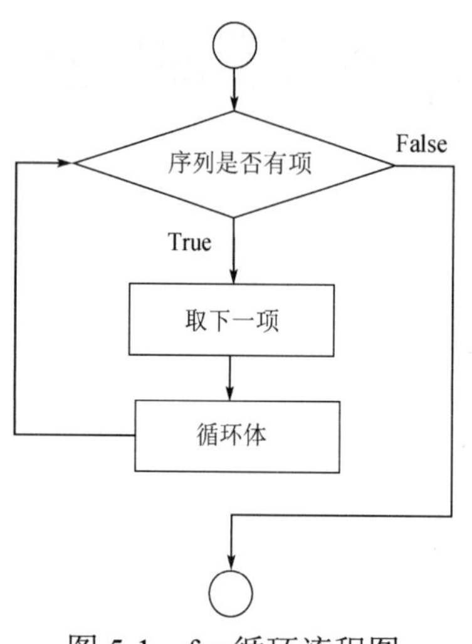

图 5-1 for 循环流程图

生活中有很多事情不是一次就能做好的，需要不断重复去做，如参加运动会的 3000 米赛跑项目，要想完成就需要一圈一圈地重复跑，直至完成目标；又如背诵九九乘法表，需要从 1×1=1 开始不断重复，直到 9×9=81 结束。程序中类似这样让计算机自动重复执行某段代码来完成一定任务的操作被称为循环。

for 循环是一种常见的循环语句，通常用于遍历对象和数字序列。

1. 遍历序列

for 循环遍历对象的基本语法如下。

```
for 变量名 in 序列:
    代码块
```

其中，变量名是循环变量，用来存储从序列中读取的元素；序列是一组数据，可以是列表、元组、字符串等；代码块是需要重复执行的代码，可以包含多条语句，被称为循环体。

使用 for 循环可以逐个遍历列表、元组和字符串等，示例代码如下。

```
fruits = ['apple', 'banana', 'orange']
for fruit in fruits:
    print(fruit)
```

上述代码的运行结果如下。

```
apple
banana
orange
```

在上述示例中，首先定义了一个列表 fruits，然后使用 for 循环遍历列表中的每个元素。在每次循环中，循环变量 fruit 被赋值为列表中的一个元素并执行代码块中的语句。这个示例中重复执行的部分为输出每个元素。

2. 遍历数字

for 循环除了遍历序列，常见的应用就是进行数字循环，即先使用内置 range()函数来生成一个数字序列，再使用 for 循环遍历序列中的每一个数字，其语法格式如下。

```
for 变量 in range(start,stop[,step]):
```

range()函数是 Python 内置的一个函数，用来生成一个整数序列。range()函数的基本语法格式如下。

```
range(start, stop[, step])
```

其中，start 表示序列的起始值，默认为 0；stop 表示序列的结束值（不包括该值）；step 表示序列的步长，默认为 1。注意，start 和 step 都是可选参数，可以省略。示例代码如下。

```
for i in range(5):
   print(i,end=' ')          #输出 0 1 2 3 4
print()
for k in range(1,11,2):
   print(k,end=' ')          #输出 1 3 5 7 9
```

编程练习

例 5-1-1：遍历字符串。设计一个程序，将输入的内容保存到字符串变量中，依次输出字符串中的内容。

【解题思路】

1. 使用 input()函数接收从键盘中输入的内容，默认为字符串类型。

2. 字符串和列表类似，也是一个序列，可以使用 for 循环进行遍历。

3. 在使用循环时注意 for 所在行使用“:”结束，循环体中的代码块要统一缩进。

程序参考代码如下。

```
mystr=input('请输入一句话')
for i in mystr:
   print(i)
```

程序运行结果如下。

```
请输入一句话:强国有我
强
国
有
```

```
我
```

例 5-1-2：统计评分。设计一个程序，依次输入 5 位评委的评分，实现统计评委评分，计算平均分，输出每位评委的评分和平均分。

【解题思路】

1．定义一个列表，如 scores=[]，用来存储 5 位评委的评分。

2．使用 for 循环，提示用户输入 5 位评委的评分，使用 input()函数读取用户输入的评分，将评分存储在一个列表中。

3．计算平均分，先将评分列表中的所有元素相加，再除以评委的数量，计算出平均分，如 average_score=sum(score_list)/ len(scores)。

4．输出每位评委的评分和平均分。使用 for 循环遍历评分列表，逐一输出每位评委的评分，最后输出平均分。

程序参考代码如下。

```
scores = []                                    # 用于存放 5 位评委的评分
for i in range(5):
    score = float(input("请输入第{}位评委的评分: ".format(i+1)))
    scores.append(score)                       # 将评分添加到列表中
average_score = sum(scores) / len(scores)   # 计算平均分
print("5 位评委的评分为: ", scores)
for i in range(5):
    print("第%d 位评委的评分为: %.2f" % (i+1, scores[i]))
print("平均分为: %.2f" % average_score)
```

程序运行结果如图 5-2 所示。

```
请输入第1位评委的评分：9
请输入第2位评委的评分：9.2
请输入第3位评委的评分：8.9
请输入第4位评委的评分：9.3
请输入第5位评委的评分：9.1
5位评委的评分为： [9.0, 9.2, 8.9, 9.3, 9.1]
第1位评委的评分为：9.00
第2位评委的评分为：9.20
第3位评委的评分为：8.90
第4位评委的评分为：9.30
第5位评委的评分为：9.10
平均分为：9.10
```

图 5-2　统计评分

思维训练

例 5-1-3：将数据分类。设计一个程序，将列表中的奇数和偶数分别存放到新的列表中。

【解题思路】

1．定义一个原始列表，存储需要分类的数据，如 data_list =[11, 22, 31, 14, 18, 9, 10, 77]。

2．定义两个空列表，存储奇数和偶数，如 odd_list = []和 even_list = []。

3．使用 for 循环遍历原始列表中的所有元素，并用 if-else 语句判断每个元素是奇数还是偶数，将其添加到对应的列表中。

4．输出分类结果：奇数和偶数列表。

程序参考代码如下。

```
data_list = [11, 22, 31, 14, 18, 9, 10, 77]     # 定义原始列表
odd_list = []                                    # 定义奇数列表
even_list = []                                   # 定义偶数列表
for i in data_list:
    if i % 2 == 0:                               # 判断当前元素是否为偶数
        even_list.append(i)                      # 将偶数添加到偶数列表中
    else:
        odd_list.append(i)                       # 将奇数添加到奇数列表中
print("原始列表：", data_list)
print("奇数列表：", odd_list)
print("偶数列表：", even_list)
```

程序运行结果如下。

```
原始列表： [11, 22, 31, 14, 18, 9, 10, 77]
奇数列表： [11, 31, 9, 77]
偶数列表： [22, 14, 18, 10]
```

例 5-1-4：随机密码生成器。设计一个程序，可以根据用户输入的密码长度生成随机密码，密码包含大小写字母、数字和常见符号。

【解题思路】

1．导入 random 模块，生成随机数。

2．定义一个包含所有可用字符的字符串，如 chars = "abcd..."。

3．提示用户输入密码长度，使用 input()函数读取用户输入的密码长度，将其转换为整数。

4．使用 for 循环生成密码，循环次数由密码长度决定。在每次循环中，先使用 random 模块生成一个随机数，再根据随机数从 chars 字符串中选取一个字符，将其添加到密码中。

5．输出生成的随机密码。

程序代码如下。

```
import random
chars =
"abcdefghijklmnopqrstuvwxyzABCDEFGHIJKLMNOPQRSTUVWXYZ0123456789!@#$%^&*()"
length = int(input("请输入密码长度: "))
password = ""
for i in range(length):
    key=random.randint(0,len(chars)-1)
    password+=chars[key]
    #password += random.choice(chars)
print("随机密码为: %s" % password)
```

程序运行结果如下。

```
请输入密码长度: 8
随机密码为: FwjJ$d!@
```

问题与思考：random.choice()方法用于返回一个列表、元组或字符串中的随机项。请用该方法修改上述程序。

5.2 while 循环

while 循环

知识精讲

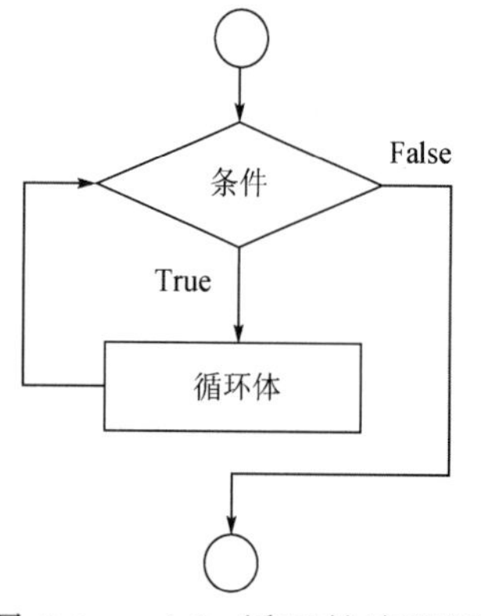

图 5-3 while 循环的流程图

for 循环常用于重复一定次数的循环，被称为计数循环。在有些情况下，循环的次数是不确定的，需要根据条件来决定是否循环，当条件为真时执行循环，当条件为假时结束循环。

while 循环是 Python 中的一种常用循环语句，能够在特定条件下不断执行一段代码，直到条件不成立，其基本语法格式如下。while 循环的流程图如图 5-3 所示。

```
while 条件:
    循环体代码
```

其中，条件是一个表达式，只要该表达式的值为 True，就会一直执行循环体中的代码。当条件的值为 False 时，循环结束。示例代码如下。

```
sum = 0
num = 1
while num <= 100:
    sum += num
```

```
    num += 1
print(sum)
```

在上述代码中，num 为循环变量，其初始值为 1，满足第一次循环条件 num=<100，执行循环体代码，将 num 与 sum 的和保存在 sum 中，更新循环变量 num+=1，num 的值变成 2，开始下一次循环。当循环变量的值变成 101 时，循环条件 num<=100 不成立，循环结束。在使用 while 循环时，需要注意以下几点。

（1）初始化循环变量：在进入 while 循环之前，需要对循环变量进行初始化。循环变量的初始值应该满足第一个循环条件，使得循环至少执行一次。

（2）更新循环变量：在循环体中，需要对循环变量进行更新操作，以便退出循环。如果循环变量没有被更新，那么循环将会无限执行下去，导致程序陷入死循环。

（3）确保循环有退出的条件：在编写 while 循环时，需要确保循环总是能够退出，否则循环就会一直执行下去，导致程序陷入死循环。

编程练习

例 5-2-1：用 while 循环实现倒序输出。给定一个列表["apple", "banana", "orange", "grape"]，将列表元素倒序输出。

【解题思路】

1．定义一个原始列表，如 original_list = ["apple", "banana", "orange", "grape"]。

2．定义一个初始索引值，作为循环变量，如 i = len(original_list) − 1。

3．使用 while 循环，从原始列表的末尾开始遍历，逐个取出元素并输出。

4．每次循环结束后，将索引值减 1，继续循环，直到索引值为 0。

程序参考代码如下。

```
original_list = ["apple", "banana", "orange", "grape"]     # 定义原始列表
i = len(original_list) - 1                                 # 定义初始索引值
while i >= 0:                                              # 循环直到索引值为 0
    print(original_list[i])                                # 输出当前元素
    i -= 1                                                 # 索引值减 1，继续循环
```

问题与思考：如果要将原来的列表倒序排列后形成一个新的列表，上述程序应该如何修改？

例 5-2-2：编写一个猜数字的小游戏。随机生成一个 1 到 100 之间的整数作为目标数，玩家通过键盘输入一个数字，如果输入的数字和目标数相同，则

输出“祝贺你！猜对了”，否则提示玩家的猜测数比目标数大还是小，要求重新输入。

【解题思路】

程序的基本思路是通过循环和判断语句实现猜数字的功能，当用户猜测的数字等于目标数时跳出循环，结束游戏。

1．使用 import random 语句导入 random 模块，以便进行随机数的生成。

2．定义变量，保存随机生成的竞猜目标数，如 target = random.randint(1, 100)。

3．将猜测数的初始值设为-1，以便进入循环，如 guess = −1。

4．设定 while 循环，判断条件为 guess != target，即只要猜测数不等于目标数，就一直循环。

5．在循环中，使用 guess = int(input("请输入猜的数是多少：　")) 获取用户输入的猜测数，并将其转换为整数。

6．使用 if 语句对用户的猜测数进行判断，如果猜测数小于目标数，则输出“太小了！”，如果猜测数大于目标数，则输出“太大了！”。

7. 如果用户的猜测数等于目标数，则循环结束，输出“祝贺你，猜对了！”。

程序参考代码如下。

```
import random
target = random.randint(1, 100)
guess = -1
while guess != target:
    guess = int(input("请输入猜的数是多少：  "))
    if guess < target:
        print("太小了！")
    elif guess > target:
        print("太大了！")
print("祝贺你，猜对了！ ")
```

问题与思考：改进该程序，增加用于记录用户猜测次数的功能。猜测成功后输出“祝贺你！猜对了，你共猜了 X 次”。

思维训练

例 5-2-3：寻找四叶玫瑰数。四叶玫瑰数是指一个四位数，其各位数字的四次方之和等于该数本身。设计一个程序，打印出所有的四叶玫瑰数。

【解题思路】

1．初始化计数器 i 为 1000。

2．使用 while 循环，当 i 小于 10000 时，执行循环体。

3. 在循环体中，先将四位数转换为字符串，再使用 list()函数将其转换为列表。

4. 在循环体中，将列表中的字符转换为整数，使用 int()函数实现。

5. 在循环体中，根据四叶玫瑰数的定义，计算各位数字的四次方之和，使用幂运算符**实现。

6. 在循环体中，判断各位数字的四次方之和是否等于该数本身，如果是四叶玫瑰数，则使用 print()函数输出该数。

7. 在循环体中，将计数器 i 加 1，使用运算符+=实现。

程序参考代码如下。

```
i = 1000
while i < 10000:
    # 先将四位数转换为字符串，再转换为列表
    digits = list(str(i))
    # 将列表中的字符转换为整数，并计算各位数字的四次方之和
    a, b, c, d = int(digits[0]), int(digits[1]), int(digits[2]), int(digits[3])
    if a ** 4 + b ** 4 + c ** 4 + d ** 4 == i:
        print(i,end=' ')
    i += 1
```

程序运行结果如下。

```
1634 8208 9474
```

问题与思考：参照例 4-3-3 中的方法，分别取四位数的千位、百位、十位、个位数，判断是否为四叶玫瑰数。

例 5-2-4：整数累加。设计一个程序，计算 1 到输入的正整数的累加和。

【解题思路】

1. 使用 input()函数获取用户输入的正整数 n，并转换成整数。

2. 初始化累加和为 0，循环变量 i 为 1，如 sum=0，i=1。

3. 使用 while 循环，当计数器 i 小于等于 n 时，执行循环体。

4. 在循环体中，将循环变量 i 加到累加和中，使用运算符+=实现：sum+=i。

5. 在循环体中，将循环变量 i 加 1，使用运算符+=实现：i+=1。

6. 循环结束后，使用 print()函数输出 1 到 n 的累加和。

程序参考代码如下。

```
# 输入一个正整数 n
n = int(input("请输入一个正整数: "))
# 初始化累加和为 0，计数器 i 为 1
sum = 0
```

```
i = 1
# 当i小于或等于n时，执行循环体
while i <= n:
    # 将i加到累加和中
    sum += i
    # 计数器i加1
    i += 1
# 输出1到n的累加和
print("1到", n, "的累加和为：", sum)
```

程序运行结果如下。

```
请输入一个正整数：100
1到 100 的累加和为： 5050
```

问题与思考：实现输入数字n，计算1到n的阶乘。

5.3 循环嵌套与循环控制

循环嵌套

知识精讲

循环嵌套是指在一个循环体内部嵌套另一个循环体，可以用来解决一些复杂的问题，如遍历多维数组、生成多维列表、打印图形等。

在 Python 中，循环嵌套有多种形式，开发者可以在 for 循环中嵌套 for 循环，也可以在 for 循环中嵌套 while 循环，还可以在 while 循环中嵌套 while 循环，在 while 循环中嵌套 for 循环，示例代码如下。

```
# 打印 5 行的三角形
for i in range(5):
    for j in range(i+1):
        print('*', end=' ')
    print()
```

上述代码的运行结果如下。

```
*
* *
* * *
* * * *
* * * * *
```

在循环程序中，当循环条件为 True 时，程序会一直执行，如果希望离开循环，则 Python 提供了 break、continue 语句，用于控制程序的执行流程。

break 语句用于终止循环语句，即跳出循环。

continue 语句用于跳过当前循环中的剩余语句，即跳过本次循环。

1. break 语句

break 语句用于跳出循环，通常与条件语句一起使用，当满足某个条件时，立即跳出循环，不再执行循环中剩余的语句。break 语句可以用在 for 循环和 while 循环中。

下面是使用 break 语句的一个示例，在列表中查找第一个偶数，找到后跳出循环。

```
numbers = [1, 3, 5, 7, 8, 9, 11]
for num in numbers:
    if num % 2 == 0:
        print("找到了第一个偶数：", num)
        break
```

在上面的示例中，当循环到 8 时，num % 2 == 0 成立，输出“找到了第一个偶数：8”，并且执行 break 语句，跳出了循环。

2. continue 语句

continue 语句用于跳过当前循环中的某个语句，继续执行下一次循环。continue 语句可以用在 for 循环和 while 循环中。

下面是使用 continue 语句的一个示例，在列表中查找所有的奇数。

```
numbers = [1, 2, 3, 5, 7, 8, 9, 11]
for num in numbers:
    if num % 2 == 0:
        continue
    print(num,end=' ')
```

在上面的示例中，当循环到 2 和 8 时，num % 2 == 0 条件成立，执行了 continue 语句，跳过了打印语句，继续执行下一次循环。代码运行结果如下。

```
1 3 5 7 9 11
```

3. else 语句

在 Python 中，while 和 for 循环语句都可以配合 else 语句使用，在正常执行完所有循环语句后，如果循环没有被 break 语句中断，则会执行 else 语句中的代码，示例代码如下。

```
fruits = ["apple", "banana", "cherry"]
for fruit in fruits:
    print(fruit)
```

```
else:
    print("没有更多水果了")
```

另外，在 Python 中还有一个用于保持程序结构完整性的 pass 语句。

pass 语句是一个空语句，一般用作占位符。当需要在程序中使用一个语句，但是又没有具体的语句内容时，可以使用 pass 语句占位。它不做任何操作，只是占据了一个语句的位置。

break、continue 和 pass 语句在控制程序执行流程和实现程序逻辑时经常被使用，能够很好地提高程序的效率和可读性。

编程练习

例 5-3-1：打印等腰三角形图案。编写一个程序，输入打印图案的行数，打印等腰三角形图案。

【解题思路】

1．定义一个变量，表示等腰三角形图案的行数，如 rows。

2．外层循环，循环的次数为 rows，表示输出 rows 行。

3．内层循环 1：在每行输出前，先循环输出一定数量的空格，使得每行的*符号都在中间位置。

4．内层循环 2：在输出空格后，循环输出一定数量的*符号，数量为当前行数 i 的两倍再加上 1，即 2*i+1。

5．每行输出完成后，使用 print()函数输出一个换行符，在新的一行上开始输出。

程序参考代码如下。

```
# 输入等腰三角形图案的行数
rows = int(input('请输入等腰三角形图案的行数'))
# 循环输出每一行
for i in range(rows):
    # 输出空格，使每行的*符号都在中间位置
    for j in range(rows-i):
        print(' ', end='')
    # 输出一定数量的*符号，数量为当前行数 i 的两倍再加上 1
    for j in range(2*i+1):
        print('*', end='')
    # 输出换行符，在新的一行上开始输出
    print()
```

程序运行结果如下。

```
    *
   ***
  *****
 *******
*********
```

例 5-3-2：打印九九乘法表。

【解题思路】

1．使用外层循环控制行数，内层循环控制列数。

2．外层循环从 1 到 9，表示乘数的取值范围。

3．内层循环从 1 到外层循环的取值，表示被乘数的取值范围。

4．在内层循环中，使用 print()函数输出每个乘法式的结果。

5．为了让输出的格式整齐，可以使用字符串格式化来控制输出格式。

程序参考代码如下。

```
for i in  range(1,10):
    for j in range(1,i+1):
        #print(j,'x',i,'=',i*j,end='\t')
        print('%dx%d=%d'%(j,i,j*i),end='\t')
    print()
```

程序运行结果如下。

```
1x1=1
1x2=2   2x2=4
1x3=3   2x3=6   3x3=9
1x4=4   2x4=8   3x4=12  4x4=16
1x5=5   2x5=10  3x5=15  4x5=20  5x5=25
1x6=6   2x6=12  3x6=18  4x6=24  5x6=30  6x6=36
1x7=7   2x7=14  3x7=21  4x7=28  5x7=35  6x7=42  7x7=49
1x8=8   2x8=16  3x8=24  4x8=32  5x8=40  6x8=48  7x8=56  8x8=64
1x9=9   2x9=18  3x9=27  4x9=36  5x9=45  6x9=54  7x9=63  8x9=72  9x9=81
```

问题与思考：请使用 while 循环改写上述程序代码。

思维训练

例 5-3-3：判断质数。设计一个程序，寻找 100 以内的所有质数并输出。质数又称素数，是指在大于 1 的自然数中，除了 1 和它本身，不能被其他自然数整除的数。

【解题思路】

1．使用外层循环控制待判断的数的取值范围为从 2 到 100。

2．内层循环从 2 开始，到外层循环变量减 1 为止，用于判断待判断的数是否能被整除。

3．如果待判断的数能够被内层循环中的某个数整除，则说明该数不是质数，将 is_prime 标记为 False，跳出内层循环。

4．如果待判断的数不能被内层循环中的任何一个数整除，则说明该数是质数，将 is_prime 标记为 True，输出该数。

5．重复执行 1～4，直到外层循环结束。

```
# 使用 for 循环实现
for i in range(2, 101):
    is_prime = True
    for j in range(2, i):
        if i % j == 0:
            is_prime = False
            break
    if is_prime:
        print(i, end=' ')
```

程序运行结果如下。

```
2 3 5 7 11 13 17 19 23 29 31 37 41 43 47 53 59 61 67 71 73 79 83 89 97
```

问题与思考：使用 while 循环改写上述程序代码，请将代码补充完整。

```
# 使用 while 循环实现
i = 2
while i < ___________:
    is_prime = True
    j = _______
    while j < i:
        if i % j == 0:
            is_prime = False
            break
        j =_________
    if is_prime:
        print(i, end=' ')
    i += 1
```

例 5-3-4：摄氏度、华氏度转换器。设计一个程序，实现摄氏度和华氏度的转换，华氏度（Fahrenheit）和摄氏度（Celsius）之间的转换公式如下。

摄氏度 =(华氏度 − 32) / 1.8

华氏度 = 摄氏度 × 1.8 + 32

其中，华氏度以℉为单位，摄氏度以℃为单位。

程序界面及运行效果如图 5-4 所示。

```
请选择转换方式（1.摄氏度转华氏度，2.华氏度转摄氏度，3.退出）：a
无效的选择，请重新输入！
请选择转换方式（1.摄氏度转华氏度，2.华氏度转摄氏度，3.退出）：1
请输入摄氏度：22
华氏度为：71.6
请选择转换方式（1.摄氏度转华氏度，2.华氏度转摄氏度，3.退出）：2
请输入华氏度：80
摄氏度为：26.666666666666664
请选择转换方式（1.摄氏度转华氏度，2.华氏度转摄氏度，3.退出）：3
感谢使用温度转换器！
```

图 5-4 摄氏度、华氏度转换器运行效果

示例代码如下。

```
# 使用 while 循环在程序运行期间持续进行温度转换操作
while True:
    # 提示用户选择转换方式
    choice = input("请选择转换方式（1.摄氏度转华氏度，2.华氏度转摄氏度，3.退出）: ")
    # 如果用户选择了摄氏度转华氏度
    if choice == "1":
        # 获取用户输入的摄氏度
        celsius = float(input("请输入摄氏度: "))
        # 计算华氏度
        fahrenheit = (celsius * 1.8) + 32
        # 输出华氏度
        print("华氏度为: %s" % fahrenheit)
    # 如果用户选择了华氏度转摄氏度
    elif choice == "2":
        # 获取用户输入的华氏度
        fahrenheit = float(input("请输入华氏度: "))
        # 计算摄氏度
        celsius = (fahrenheit - 32) / 1.8
        # 输出摄氏度
        print("摄氏度为: %0.2f" % celsius)
    # 如果用户选择了退出
    elif choice == "3":
        # 退出 while 循环
        break
    # 如果用户输入了无效的选择
    else:
        # 提示用户重新输入
        print("无效的选择，请重新输入！")
# 输出感谢使用语句
print("感谢使用温度转换器！")
```

5.4 实战 1 学生成绩管理系统

猜数字游戏

任务要求

编写一个学生成绩管理系统，能够添加学生信息、查询学生成绩、修改学生成绩、删除学生信息、显示所有成绩、退出程序，并根据用户输入进行相应的操作，处理学生信息，实现简单的学生成绩管理功能。

任务分析

1. 定义一个空列表 students，存储学生信息。

2. 使用 while True 死循环，构建选择菜单项，根据用户选择的不同，进行相应的操作。

3. 如果选择 1，则提示用户输入学生姓名和成绩，将学生信息存储为字典形式，并添加到 students 列表中。

4. 如果选择 2，则提示用户输入要查询的学生姓名，循环遍历 students 列表，找到对应学生的成绩并输出，如果没有找到则输出“未找到该学生的信息”。

5. 如果选择 3，则提示用户输入要修改的学生姓名，循环遍历 students 列表，找到对应学生并修改其成绩，如果没有找到则输出“未找到该学生的信息”。

6. 如果选择 4，则提示用户输入要删除的学生姓名，循环遍历 students 列表，找到对应学生并删除，如果没有找到则输出“未找到该学生的信息”。

7. 如果选择 5，则循环遍历 students 列表，输出学生的姓名和成绩。

8. 如果选择 6，则退出程序。

9. 如果选择无效，则提示用户重新输入。

10. 循环结束后，输出“感谢使用学生成绩管理系统”。

任务实施

```
students = []
while True:
    choice = input("请选择操作：1.添加学生信息 2.查询学生成绩 3.修改学生成绩 4.删除学生信息 5.显示所有成绩  6.退出程序")
    if choice == "1":
        name = input("请输入学生姓名：")
        score = float(input("请输入学生成绩："))
        student = {"name": name, "score": score}
        students.append(student)
        print("学生信息添加成功！")
```

```
    elif choice == "2":
        name = input("请输入要查询的学生姓名: ")
        for student in students:
            if student["name"] == name:
                print("学生成绩为: %s" % student["score"])
                break
        else:
            print("未找到该学生的信息! ")
    elif choice == "3":
        name = input("请输入要修改的学生姓名: ")
        for student in students:
            if student["name"] == name:
                score = float(input("请输入新的学生成绩: "))
                student["score"] = score
                print("学生成绩修改成功! ")
                break
        else:
            print("未找到该学生的信息! ")
    elif choice == "4":
        name = input("请输入要删除的学生姓名: ")
        for student in students:
            if student["name"] == name:
                students.remove(student)
                print("学生信息删除成功! ")
                break
        else:
            print("未找到该学生的信息! ")
    elif choice == "5":
       for student in students:
           print(student["name"]+":"+str(student["score"]))
    elif  choice == "6":
        break
    else:
        print("无效的选择，请重新输入! ")
print("感谢使用学生成绩管理系统! ")
```

5.5 实战 2 智能农业温室植物生长系统

LED 折线图

任务要求

基于硬件平台的光照度传感器和红黄绿三色 LED 灯，开发智能植物生长系统，自动调节光照度，提供合适的光照环境，促进植物生长；基于硬件平台的温湿度传感器和直流风扇，开发智能农业温室系统，自动调节温度和湿度，提供合适的环境，促进农作物生长。具体要求如下。

1．当系统被开启时，在 LCD 显示屏上动态显示跑马灯效果的欢迎信息。

2．设定光照控制范围和温度控制范围。

3．当光照强度低于设定下限时，自动开启红色 LED 灯，提供植物所需的红光。

4．当光照强度高于设定上限时，自动开启绿色 LED 灯，提供植物所需的绿光。

5．当光照强度处于设定范围内时，自动开启黄色 LED 灯，提供植物所需的黄光。

6．当温度低于设定下限时，自动开启直流风扇正转，提高室内温度。

7．当温度高于设定上限时，自动开启直流风扇反转，降低室内温度。

8．当温度处于设定范围内时，自动关闭直流风扇。

任务分析

1．导入必要的模块和库，包括 time 库和 JtPythonBCPToHardware 库。

2．创建 SerialTool 对象，并指定串口号，以便与硬件平台进行通信。

3．定义字符串变量，存储 LCD 显示屏上的欢迎信息，如 adverts = '欢迎使用数字虚拟教学仿真硬件平台！'。

4．使用 for 循环遍历字符串变量 adverts，将每次遍历的字符累加存放到要显示的变量中，如 lcd_show+=i，向硬件平台发送控制 LCD 显示屏的指令。

5．获取当前环境光照度和温度数据，并设置光控和温控范围，用于光控和温度的条件判断。

6．构建 while True 死循环，不间断地获取环境光照和温度数据。

7．根据获取的光照度数据和设定的光控条件，使用 if-elif-else 语句来控制灯的照明。

8．根据获取的温度数据和设定的温控条件，使用 if-elif-else 语句来控制风扇的关停和正反转。

任务实施

1．导入必要的模块和库，初始化串口。

```
# 导入必要的模块
from time import sleep
```

```
from JtPythonBCPToHardware import *
# 创建 SerialTool 对象，指定串口号为 com3
mySerial = SerialTool("com3")
```

2．动态显示跑马灯效果的欢迎信息。

```
adverts = '欢迎使用数字虚拟教学仿真硬件平台！'   # 定义 LCD 显示信息
lcd_show = ''
for i in adverts:
  lcd_show+=i
mySerial.hardwareSend(HardwareType.lcd,HardwareCommand.control,lcd_show)
  sleep(0.5)
```

3．获取当前环境光照度和温度数据，并设置光控和温控范围。

```
# 向硬件平台发送获取环境光照度数据的指令
mySerial.hardwareSend(HardwareType.illumination, HardwareCommand.get, "")
sleep(2)    # 等待 1s，等待平台响应
# 向硬件平台发送获取环境温湿度数据的指令
mySerial.hardwareSend(HardwareType.tempHumidity, HardwareCommand.get, "")
sleep(2)    # 等待 1s，等待平台响应
# 输出当前环境光照度数据
print('当前环境光照度：' + str(mySerial.illuminationData))
print('当前环境温度：' + str(mySerial.tempData))
illumination_down,illumination_up = input('请输入光照强度范围(用空格分隔):
').split()  # 获取用户输入的光照度设定数据
temp_down,temp_up = input('请输入温度范围（用空格分隔：').split()
# 获取用户输入的温度设定数据
```

4．构建 while True 死循环，不间断地监测环境光照度数据。

根据光照度数据，使用 if-elif-else 语句判定当前光照度所处的设定范围，自动控制红黄绿三色 LED 灯照明，促进植物生长。

```
while True:
  mySerial.hardwareSend(HardwareType.illumination, HardwareCommand.get, "")
  sleep(2)
  print('当前环境光照度：' + str(mySerial.illuminationData))
  # 如果当前光照度低于设定值下限，则控制红色 LED 灯开启；如果当前光照度高于设定值上限，则
控制绿色 LED 灯开启；如果当前光照度处于设定值范围，则控制黄色 LED 灯开启
  if mySerial.illuminationData < float(illumination_down):
     mySerial.hardwareSend(HardwareType.led, HardwareCommand.control,
HardwareOperate.LEDREDON)
     sleep(1)
     mySerial.hardwareSend(HardwareType.lcd, HardwareCommand.control, "正
在启用植物所需的红光")
```

```
        sleep(2)
    elif  mySerial.illuminationData > float(illumination_up):
        mySerial.hardwareSend(HardwareType.led, HardwareCommand.control,
HardwareOperate.LEDGREENON)
        sleep(1)
        mySerial.hardwareSend(HardwareType.lcd, HardwareCommand.control, "正
在启用植物所需的绿光")
        sleep(2)
    else:
        mySerial.hardwareSend(HardwareType.led, HardwareCommand.control,
HardwareOperate.LEDYELLOWON)
        sleep(1)
        mySerial.hardwareSend(HardwareType.lcd, HardwareCommand.control, "正
在启用植物所需的黄光")
        sleep(2)
```

5．通过构建的 while True 死循环，连续监测环境温度数据。

根据温度数据，使用 if-elif-else 语句判定当前温度所处的设定范围，控制风扇关停及正反转，自动调节温度，促进植物生长。

```
    # 获取温湿度传感器数据，并根据数据控制风扇的开关
    mySerial.hardwareSend(HardwareType.tempHumidity, HardwareCommand.get, '')
    sleep(2)
    print(mySerial.tempData)
    # 如果当前温度低于设定值下限，则控制风扇正转；如果当前温度高于设定值上限，则控制风扇反
转；如果当前光照度处于设定值范围，则关闭风扇
    if mySerial.tempData <float(temp_down):
        mySerial.hardwareSend(HardwareType.fan,HardwareCommand.control,
HardwareOperate.FANFORON)
        sleep(1)
        mySerial.hardwareSend(HardwareType.lcd, HardwareCommand.control, "环
境温度过低，正在提高室内温度")
        sleep(2)
    elif mySerial.tempData >float(temp_up):        mySerial.hardwareSend
(HardwareType.fan,HardwareCommand.control,HardwareOperate.FANREVON)
        sleep(1)
        mySerial.hardwareSend(HardwareType.lcd, HardwareCommand.control, "环
境温度过高，正在降低室内温度")
        sleep(2)
    else:
        mySerial.hardwareSend(HardwareType.fan, HardwareCommand.control,
HardwareOperate.FANOFF)
```

```
    sleep(1)
    mySerial.hardwareSend(HardwareType.lcd, HardwareCommand.control, "环境温度正常")
    sleep(2)
```

本章小结

Python 提供了两种主要的循环结构，分别是 for 循环和 while 循环。

for 循环适用于已知循环次数的情况，可以遍历任何序列类型的数据，如列表、元组、字符串等，并按照顺序依次执行循环体内的代码。开发者可以使用 range()函数控制循环次数。

while 循环适用于不知道循环次数的情况，可以根据条件判断来决定是否继续执行循环体内的代码。while 循环需要在循环体内修改循环条件，否则可能会导致死循环。

在使用循环时，开发者可以通过 break 语句和 continue 语句控制循环流程。break 语句用于完全终止循环，而 continue 语句用于跳过当前循环并继续执行下一次循环。

循环嵌套是指在一个循环体内嵌套另一个循环体，使得程序可以按照多个条件进行多重循环处理。嵌套的循环可以是 for 循环，也可以是 while 循环。

除此之外，Python 还提供了一些对循环结构的扩展和优化。例如，通过列表推导式和生成器表达式可以快速生成列表或生成器对象；通过使用 map()函数、filter()函数和 reduce()函数等高阶函数可以对序列中的元素进行批量操作，从而简化代码。

第6章 面向过程的基本应用

学习目标

■ 理解函数的概念及定义
■ 掌握函数的定义方法、调用方式和参数传递
■ 掌握常用函数的基本用法
■ 熟悉常用模块的使用方法

学习重点和难点

■ 使用常用函数解决实际编程问题
■ 自定义函数，并理解参数和返回值的含义

思维导图

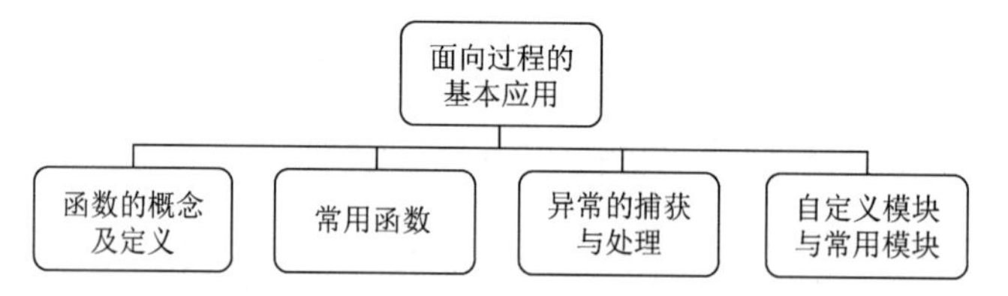

本章导论

面向过程（Procedural Programming）是一种编程范式，其核心思想是将程序组织为一系列的过程或函数。在面向过程编程中，程序的执行顺序是线性的，通过函数的调用和返回来实现流程控制。面向过程编程注重解决问题的步骤和流程，强调程序的逻辑和执行顺序。一个Python文件中的一系列函数的集合也称一个模块。

6.1　函数概念及定义

函数概述

知识精讲

1. 函数的概念

在 Python 中，函数是一种可重复使用的代码块，用于执行特定的任务或操作。函数可以接收输入参数，并返回输出结果。在面向过程的开发中，一般将重复使用的、有规律的代码块封装为一个具有独立功能的函数。

2. 函数的作用

从代码的角度来看，借助函数可以使代码逻辑得到优化，便于阅读。

从开发者的角度来看，利用函数可以规划程序功能，便于理清代码思路，提高开发效率。

从团队协作的角度来看，合理共享函数，可以提升团队工作效率。

3. 自定义函数

在 Python 中，除了系统提供的内置函数，还可以通过自定义函数来实现特定的功能。自定义函数使用 def 关键词进行声明，并按照以下的语法结构进行定义。

```
def 函数名([参数 1,参数 2,…]):
    函数体
    [return 返回值]
```

- 函数名：最好能描述这个函数的功能，且符合标识符命名规则。
- 参数：开发者可以向函数中传入多个参数，参数之间使用逗号隔开，定义函数时的参数叫作形式参数，简称形参；而函数被调用时传入的参数叫作实际参数，简称实参。传入的参数可以进一步在函数内部使用。
- 局部变量：在 Python 编程中，函数内部定义的变量是局部变量。这些局部变量只能在函数中使用，当函数执行完毕时，局部变量会被销毁。
- 返回值：在函数内部代码被执行完后，返回值可有可无。返回值是函数体中计算的结果，可以将此结果传递给函数外部代码，以便进一步使用。

> **说明：**使用 return 关键词可以将函数内部的计算结果返回给调用者，可以通过一个变量来接收或者直接输出返回值。

自定义函数的调用与之前学习的 print()函数、format()函数类似，即输入参数，返回运行结果，示例代码如下。

```
#求最大值函数，将传入的两个数作为参数，返回值较大的数
def max(a,b):
    if a>b:
        return a
    else:
        return b
print(max(2,3))
```

上述代码的运行结果如下。

```
3
```

4．函数的参数

在 Python 中，函数参数的传递方式比较丰富，主要分为位置参数、关键词参数、默认参数、不定长参数等。函数参数的传递是指在调用函数时选择一种函数参数传递方式，从而将实参传入函数体。

（1）位置参数方式。

函数的位置参数传递方法是指在调用函数时，必须按照函数的参数顺序分别传入实参，否则将会报错，示例代码如下。

```
def sayhello(str1):
  print ("hello "+str1)

sayhello()
```

说明：在该示例中，运行 sayhello()函数后会报错，因为在定义该函数时需要传入一个参数，但是在调用函数时并没有传入参数，所以会提示传入参数。

（2）关键词参数方式。

在调用函数时选择关键词参数方式，要求采用“参数名=值”的方式，该调用方式的好处是无须考虑函数定义中的参数顺序，示例代码如下。

```
def sayhello(str1,str2):
  print (str1+str2)

sayhello(str2="world",str1="hello")
```

上述代码的运行结果如下。

```
hello world
```

（3）默认参数方式。

函数的默认参数是指在定义函数时，为参数赋予一个默认值，被赋予默认值的参数在函数调用时如果不传入实参，则按照参数的默认值赋值。按照

语法规则，函数的默认值参数要从函数参数的最右侧开始写，否则将会报错。示例代码如下。

```
def sayhello(str1,number=1):
  print (("hello "+str1)*number)
sayhello("world")
sayhello("world", 3)
```

上述代码的运行结果如下。

```
hello world
hello world hello world hello world
```

在上述示例中调用了 sayhello()函数，说明当不传入 number 参数时，number 的默认值为 1，程序正常运行，并不会报错。

（4）不定长参数方式。

在调用函数的时候，参数个数是不固定的，因此导入了不定长参数。按照不定长参数的类型，参数格式分为元组方式和字典方式。

元组方式的参数格式如下。

```
函数名([参数，参数,]*参数)
```

字典方式的参数格式如下。

```
函数名([参数，参数,]**参数)
```

在定义可变长参数时，使用字典方式的参数比使用元组方式的多一个星号。元组方式（加一个*）的示例代码如下。

```
def sayhello(*words):
   for word in words:
      print ("hello "+word)

sayhello("world","china","beijing")
```

上述代码的运行结果如下。

```
hello world
hello china
hello beijing
```

字典方式（加两个*）的示例代码如下。

```
def sayhello(**words):
   for key in words:
      print (("hello "+key*words[key]))

sayhello(world=1,china=3)
```

上述代码的运行结果如下。

```
hello world
hello chinachinachina
```

5. 函数的返回值

函数的返回值功能需要使用 return 关键词实现，其语法格式如下。

```
return [表达式或值]
```

该语句执行后将退出函数，同时选择性地向调用方返回一个表达式或值。不带参数值的 return 语句会返回 None。示例代码如下。

```
def sayhello(str):
    returnStr="hello "+str
    print (returnStr)
    return returnStr

sayhello("world")
print(sayhello("china"))
```

上述代码的运行结果如下。

```
hello world
hello china
hello china
```

6. 匿名函数

匿名函数是指没有名字的函数，一般只是临时使用。在定义匿名函数时要使用 lambda 关键词而非 def 关键词，lambda 关键词通常也叫作 lambda 表达式。

使用 lambda 关键词定义匿名函数的语法如下。

```
函数对象名 = lambda 形参：表达式
```

示例代码如下。

```
x=lambda s:"hello "+s
print(x("world"))
```

上述代码的运行结果如下。

```
hello world
```

> **注意：**
> 1. 匿名函数可以接收任意数量的参数，但不宜太多。
> 2. 匿名函数可以嵌套在其他函数中，也可以作为参数传递给其他函数。
> 3. 匿名函数可以包含多条语句，但这些语句必须使用缩进来表示代码块。

4．匿名函数可以使用条件语句、循环语句等 Python 语法，与普通函数的使用方式相同。
5．匿名函数通常用于简单的计算或操作，如果需要执行复杂的逻辑或操作，则建议使用普通函数来实现。
6．匿名函数可以用于列表推导式，以及 map()、filter()等高阶函数中，以提高代码的简洁性和可读性。

7．函数中变量的作用域和 global 语句

（1）变量的作用域。

变量的作用域与其定义方式有关，可以分为全局变量和局部变量。

- 全局变量：变量在函数外部定义，变量的作用域是全局。
- 局部变量：变量在函数内部定义，变量的作用域在函数内部。

示例代码如下。

```
w="word"
def sayhello():
    s="hello"
    print(s,w)
sayhello()
print(w)
print(s)
```

上述代码的运行结果如下。

```
hello word
word
Traceback (most recent call last):
  File "C:/Users/Administrator/Desktop/2.py", line 7, in <module>
    print(s)
NameError: name 's' is not defined
```

从示例代码中可以看出，w 是全局变量，s 是局部变量。

局部变量 s 的作用域仅在函数 sayhello()中，在函数结束时会被解释器自动回收。

（2）global 语句。

为了在函数内部创建或修改一个全局作用域的变量，需要使用 global 语句来声明使用全局作用域。

在使用 global 语句声明全局变量时，后跟全局变量的名称，若要同时声明多个全局变量，则要用逗号隔开，语法格式如下。

```
global 变量1,变量2…
```

示例代码如下。

```
w="word"
def sayhello():
    global s    #在函数内部声明s为全局变量
    s="hello"
    print(s,w)
sayhello()
print(w)
print(s)
```

上述代码的运行结果如下。

```
hello word
word
hello    #正常输出变量s
```

注意：在编写 Python 代码时，需要注意变量的作用域和命名空间，以避免命名冲突和变量不可见的问题。建议使用有意义的变量名和明确的变量作用域来提高代码的可读性和可维护性。

编程练习

例 6-1-1：编写一个自定义函数，实现输入不同月份，返回季节的功能。其中，3 月、4 月、5 月为春季，6 月、7 月、8 月为夏季，9 月、10 月、11 月为秋季，12 月、1 月、2 月为冬季。

【解题思路】

1．定义函数 getSeason(month)，接收一个整数类型的参数 month。

2．在函数内部，使用 if 语句来判断 month 所处的季节，并将季节名称保存在变量 season 中。

3．将变量 season 作为返回值返回给函数调用者。

4．在主程序中，使用 input()函数获取用户输入的月份并将其转换成整数，保存在变量 month 中。

5．调用函数 getSeason(month)，并输出其返回值。

程序参考代码如下。

```
def getSeason(month):
    if 3<=month<=5:
        season="春季"
    elif 6<=month<=8:
```

```
        season="夏季"
    elif 9<=month<=11:
        season="秋季"
    elif 1<=month<=2 or month==12:
        season="冬季"
    return season

month=int(input("输入月份"))
print(getSeason(month))
```

程序运行结果如下。

```
输入月份 6
夏季
输入月份 9
秋季
```

例 6-1-2：编写函数 isTriangle（a,b,c），判断输入的三条边长可否组成直角三角形。

【解题思路】

1．定义函数 isTriangle(a,b,c)，接收三个整数类型的参数 a、b、c，表示三条边长。

2．在函数内部，使用 if 语句来判断三条边的长度是否符合组成直角三角形的条件，并将判断结果保存在变量 msg 中。if 语句的判断条件如下。

（1）如果 a、b、c 中有任意一条边为非正数，则无法组成三角形。

（2）如果 a+b<=c，b+c<=a 或 a+c<=b，则三条边无法组成三角形。

（3）如果三角形中有一条边的平方等于另外两条边的平方之和，则三角形为直角三角形，否则三角形不是直角三角形。

（4）将变量 msg 作为返回值返回给函数调用者。

3．在主程序中，调用函数 isTriangle(a,b,c)，并输出其返回值。

程序参考代码如下。

```
def isTriangle(a,b,c):
    msg=""
    if a<=0 or b<=0 or c<=0:
        msg="边不能为负数，输入有误"
    elif a+b<=c or b+c<=a or b+c<a:
        msg="不符合边的条件，输入有误"
    elif a*a+b*b == c*c or a*a+c*c == b*b or c*c+b*b == a*a:
        msg="三条边能组成直角三角形"
    else:
```

```
        msg="三条边无法组成直角三角形"
    return msg

print(isTriangle(2,3,4))
print(isTriangle(4,3,5))
```

程序运行结果如下。

```
三条边无法组成直角三角形
三条边能组成直角三角形
```

思维训练

例 6-1-3：编写一个自定义函数，模拟奥运会跳水比赛，制作一个自动计分的功能，具体要求如下。

1．可传入不定个数的得分。

2．去掉一个最高分。

3．去掉一个最低分。

4．返回剩余得分的平均分。

【解题思路】

1．定义函数 getFinalScore(*scores)，使用可变参数来接收任意个数的得分。

2．在函数内部，初始化最终得分为 finalScore，总分为 totalScore，最高分为 maxScore，最低分为 minScore。

3．使用 for 循环遍历每一个得分，计算出总分、最高分和最低分，并将它们保存在变量 totalScore、maxScore 和 minScore 中。

4．使用公式(finalScore=(totalScore-maxScore-minScore)/(len(scores)-2))计算出去掉最高分和最低分后的平均分，并将其作为函数的返回值返回给函数调用者。

5．在主程序中调用函数 getFinalScore(*scores)，并输出其返回值。

程序参考代码如下。

```
def getFinalScore(*scores):
    finalScore=0            #初始化最终得分
    totalScore=0            #初始化总分
    maxScore=0              #初始化最高分
    minScore=1000           #初始化最低分
    for score in scores:
        if score>maxScore:
            maxScore=score
        if score<minScore:
            minScore=score
        totalScore=totalScore+score
```

```
    finalScore=(totalScore-maxScore-minScore)/(len(scores)-2)
    #计算最终得分
    return  finalScore
print(getFinalScore(9.8,9.5,9.9,9.6,9.4,9.7,9.6,9.7))
```

程序运行结果如下。

```
9.65
```

6.2　常用函数

函数参数

在第 2 章中，我们已经学习了数学函数和类型转换函数，除此之外，Python 还有其他函数。

一、字符串常用函数

1. upper()

将字符串中的所有字母都转换为大写字母，示例代码如下。

```
  s = "hello, world!"
  print(s.upper())
```

运行结果如下。

```
HELLO, WORLD!
```

2. lower()

将字符串中的所有字母都转换为小写字母，示例代码如下。

```
  s = "HELLO, WORLD!"
  print(s.lower())
```

运行结果如下。

```
hello, world!
```

3. capitalize()

将字符串的首字母大写，示例代码如下。

```
  s = "hello, world!"
  print(s.capitalize())
```

运行结果如下。

```
Hello, world!
```

4. title()

将字符串中每个单词的首字母都大写，示例代码如下。

```
  s = "hello, world!"
```

```
print(s.title())
```

运行结果如下。

```
Hello, World!
```

5．swapcase()

将字符串中的大写字母转换为小写字母，小写字母转换为大写字母，示例代码如下。

```
s = "Hello, World!"
print(s.swapcase())
```

运行结果如下。

```
hELLO, wORLD!
```

6．strip()

去掉字符串两端的空格，示例代码如下。

```
s = " hello, world! "
print(s.strip())
```

运行结果如下。

```
hello, world!
```

7．lstrip()

去掉字符串左端的空格，示例代码如下。

```
s = " hello, world! "
print(s.lstrip())
```

运行结果如下。

```
hello, world!
```

8．rstrip()

去掉字符串右端的空格，示例代码如下。

```
s = " hello, world! "
print(s.rstrip())
```

运行结果如下。

```
hello, world!
```

9．replace()

替换字符串中的指定字符，示例代码如下。

```
s = "hello, world!"
print(s.replace("o", "0"))
```

运行结果如下。

```
hell0, w0rld!
```

10. count()

统计字符串中指定字符的出现次数，示例代码如下。

```
s = "hello, world!"
print(s.count("l"))
```

运行结果如下。

```
3
```

11. find()

查找字符串中是否包含子字符串，如果包含，则返回子字符串在字符串中的起始位置，示例代码如下。

```
s = "hello, world!"
print(s.find("o"))
```

运行结果如下。

```
4
```

12. index()

查找字符串中指定字符的位置，示例代码如下。

```
s = "hello, world!"
print(s.index("o"))
```

运行结果如下。

```
4
```

13. split()

将字符串分割为多个子字符串，示例代码如下。

```
s = "hello, world!"
print(s.split(","))
```

运行结果如下。

```
hello, world!
```

14. join()

将多个子字符串合并为一个字符串，示例代码如下。

```
l = ["hello", "world"]
s = " "
print(s.join(l))
```

运行结果如下。

```
hello world
```

15．startswith()

判断字符串是否以指定字符开头，示例代码如下。

```
s = "hello, world!"
print(s.startswith("h"))
```

运行结果如下。

```
True
```

16．endswith()

判断字符串是否以指定字符结尾，示例代码如下。

```
s = "hello, world!"
print(s.endswith("!"))
```

运行结果如下。

```
True
```

17．isalpha()

判断字符串是否只包含字母，示例代码如下。

```
s = "hello"
print(s.isalpha())
```

运行结果如下。

```
True
```

18．isdigit()

判断字符串是否只包含数字，示例代码如下。

```
s = "123"
print(s.isdigit())
```

运行结果如下。

```
True
```

19．isalnum()

判断字符串是否只包含数字和字母，示例代码如下。

```
s = "hello123"
print(s.isalnum())
```

运行结果如下。

```
True
```

20. isspace()

判断字符串是否只包含空格，示例代码如下。

```
s = " "
print(s.isspace())
```

运行结果如下。

```
True
```

21. isupper()

判断字符串中的所有字母是否都是大写字母，示例代码如下。

```
s = "HELLO, WORLD!"
print(s.isupper())
```

运行结果如下。

```
True
```

22. islower()

判断字符串中的所有字母是否都是小写字母，示例代码如下。

```
s = "hello, world!"
print(s.islower())
```

运行结果如下。

```
True
```

23. istitle()

判断字符串是否符合标题格式，示例代码如下。

```
s = "Hello, World!"
print(s.istitle())
```

运行结果如下。

```
True
```

> **说明：**以上只是常用的字符串函数，随着 Python 版本的更新，会有更多的字符串函数。

二、列表常用函数

1. len(list)

返回列表元素的个数，示例代码如下。

```
l = ["hello","world","!"]
print(len(l))
```

运行结果如下。

```
3
```

2. max(list)

返回列表元素的最大值，示例代码如下。

```
l = ["hello","world","!"]
print(max(l))
```

运行结果如下。

```
hello
```

3. min(list)

返回列表元素的最小值，示例代码如下。

```
l = ["hello","world","!"]
print(min(l))
```

运行结果如下。

```
!
```

4. list(seq)

将元组转换为列表，示例代码如下。

```
t = ("hello","world","!")
print(list(t))
```

运行结果如下。

```
['hello', 'world', '!']
```

说明：以上只是常用的列表函数，随着 Python 版本的更新，会有更多的列表函数。

三、其他常用内置函数

1. zip()

zip()函数可以接收多个可迭代对象，并把每个可迭代对象中的第 i 个元素组合在一起，形成一个新的迭代器，类型为元组；还可以接收任意多个序列作为参数，将所有序列按相同的索引组成 tuple 的新序列，新序列的长度以参数中最短的序列为准。

zip()函数的作用是将多个可遍历的对象“打包”，该过程示例如下。

```
a = [1,2,3]
b = [4,5,6]
```

```
c = [7,8,9,10]
z1 = zip(a,b)
z2 = zip(a,c)
print(list(z1))
print(list(z2))
```

运行结果如下。

```
[(1, 4), (2, 5), (3, 6)]
[(1, 7), (2, 8), (3, 9)]
```

zip()函数的“解包”过程示例如下。

```
t=[(1, 4), (2, 5), (3, 6)]
a,b=zip(*t)
print(a,b)
```

运行结果如下。

```
(1, 2, 3) (4, 5, 6)
```

> **注意：**zip()函数打包的元素个数是一致的，多余的元素在打包的过程中会自动遗失。

2. map()

map()函数会根据提供的参数对指定序列做映射。它的第一个参数 function 表示会对序列中的每一个元素都调用 function()函数，并返回包含 function()函数返回值的新列表。示例代码如下。

```
def square(n):
   return n**2

print(list(map(square,[1,2,3,4])))
```

运行结果如下。

```
[1, 4, 9, 16]
```

编程练习

例 6-2-1：编写一个输入成绩的程序，学生成绩需作为列表元素存入到列表中。如果输入“-1”则表示成绩输入结束，最后输出成绩、参考人数、最高分、最低分。

【解题思路】

1. 创建空列表 scoreList，用来保存成绩。

2．定义变量 totalScore，用来保存总成绩，以及变量 score，用来保存输入的成绩。

3．判断当前输入是否为“-1”，如果是则结束输入，否则将输入的成绩保存到列表 scoreList 中。

4．使用列表函数计算参考人数、最高分、最低分。

5．输出最后结果。

程序参考代码如下。

```
scoreList=[]
totalScore=0
score=eval(input("请输入成绩："))
while score!=-1:
    scoreList.append(score)
    score=eval(input("请输入成绩："))
print(scoreList)
print("共有"+str(len(scoreList))+"位学生参加考试")
print("最高分："+str(max(scoreList))+"，最低分："+str(min(scoreList)))
```

运行结果如下。

```
请输入成绩：85
请输入成绩：76
请输入成绩：87
请输入成绩：83
请输入成绩：79
请输入成绩：91
请输入成绩：-1

[85, 76, 87, 83, 79, 91]
共有 6 位学生参加考试
最高分：91，最低分：76
```

例 6-2-2：编写一个自定义函数，生成两组球队的捉对厮杀对阵表，要求使用 map()函数。

【解题思路】

1．定义一个名为 getGroup 的函数，参数 n 用于表示一组球队。

2．在 getGroup() 函数中，使用一个循环来遍历另一组球队(["B1","B2","B3","B4"])。

3．在循环中，使用 print()函数输出每组球队的对阵情况，即 n+"对阵"+e，其中 n 表示一组球队的名称，e 表示另一组球队的名称。

4. 使用 map()函数来调用 getGroup()函数，map()函数的第一个参数是要调用的函数名，第二个参数是一个可迭代对象（一组球队["A1","A2","A3","A4"]）。

5. 使用 list()函数，将 map()函数的结果转换为列表并输出。

程序参考代码如下。

```
def getGroup(n):
    for e in ["B1","B2","B3","B4"]:
        print( n+"对阵"+e)
list(map(getGroup,["A1","A2","A3","A4"]))
```

程序运行结果如下。

```
A1 对阵 B1
A1 对阵 B2
A1 对阵 B3
A1 对阵 B4
A2 对阵 B1
A2 对阵 B2
A2 对阵 B3
A2 对阵 B4
A3 对阵 B1
A3 对阵 B2
A3 对阵 B3
A3 对阵 B4
A4 对阵 B1
A4 对阵 B2
A4 对阵 B3
A4 对阵 B4
```

说明：以上只列举了两个常用的内置函数，还有其他功能丰富的内置函数，如表示复数的 complex()函数，获取哈希值的 hash()函数，熟练使用函数将大大提高编程效率。

思维训练

例 6-2-3：编写一个程序，打印长文本，将字符串转换为列表并输出所有单词及其频率。

1. 把文本中的符号如?、!、;，替换成空格。

2. 使用 split()函数，将字符串分割为子字符串列表 wordslist。

3. 分别取出单个单词 word，使用 count()函数在 wordslist 中统计该单词的频率，以元组的形式保存。

程序参考代码如下。

```
wordslist=[]
s="There are moments in,life when you!miss someone.so much?that,you
just;want to pick。them from your dreams.and hug them for real!Dream
what!you,want to dream;go where you want,to go;be what you want
to.be,because?you have only one life and one chance to do all the things
you want to do."

chrlist=[' ',',','.','。','?','!',';']      #符号列表

for i in chrlist:
    s=s.replace(i,' ')                      #替换符号
wordslist=s.split(' ')                      #分割字符串

countlist=[]
for word in wordslist:
    countlist.append((word,wordslist.count(word)))
    wordslist.remove(word)                  #移除该单词

print(countlist)
```

程序运行结果如下。

```
[('There', 1), ('moments', 1), ('life', 2), ('you', 7), ('someone', 1),
('much', 1), ('you', 6), ('want', 5), ('pick', 1), ('from', 1), ('dreams',
1), ('hug', 1), ('for', 1), ('Dream', 1), ('you', 5), ('to', 6), ('go', 2),
('you', 4), ('to', 5), ('be', 2), ('you', 3), ('to', 4), ('because', 1),
('have', 1), ('one', 2), ('and', 2), ('chance', 1), ('do', 2), ('the', 1),
('you', 2), ('to', 3), ('', 1)]
```

6.3 异常的捕获与处理

异常跟踪利用

一、Python 异常

在 Python 中，异常是指程序出现错误或异常情况而引发的一种事件，它会中断正常的程序执行流程，并且会输出错误信息。Python 的异常处理机制可以识别并处理这些异常，避免程序崩溃或产生不可预知的结果。

二、Python 异常类型

在 Python 中，常见的异常类型有很多，如表 6-1 所示。

表 6-1　常见异常类型

异 常 名 称	描　　述
SystemExit	解释器请求退出
KeyboardInterrupt	用户中断执行
Exception	常规错误的基类
StopIteration	迭代器没有更多的值
GeneratorExit	生成器（generator）发生异常而通知退出
FloatingPointError	浮点计算错误
OverflowError	数值运算超出最大限制
ZeroDivisionError	除（或取模）零（所有数据类型）
AttributeError	对象没有这个属性
EOFError	没有内建输入变量到达 EOF 标记
IOError	输入或输出操作失败
OSError	操作系统错误
WindowsError	系统调用失败
ImportError	导入模块/对象失败
IndexError	序列中没有此索引（index）
KeyError	映射中没有这个键
MemoryError	内存溢出错误（对于 Python 解释器不是致命的）
NameError	未声明或初始化对象（没有属性）
RuntimeError	一般的运行时错误
NotImplementedError	尚未实现的方法
SyntaxError	Python 语法错误
IndentationError	缩进错误
TabError	Tab 和空格混用
SystemError	一般的解释器系统错误
TypeError	对类型无效的操作
ValueError	传入无效的参数

借助表 6-1 可以快速发现程序运行错误的原因，提高编程的效率。

三、异常处理

Python 的异常处理机制使用 try...except 块来捕获和处理异常，其基本语法如下。

```
try:
    代码块          # 可能会出现异常的代码块
except Exception1:
    代码块          # 处理 Exception1 异常的代码块
except Exception2:
```

```
    代码块        # 处理 Exception2 异常的代码块
else:
    代码块        # 如果没有发生异常，则执行该代码块
finally:
    代码块        # 不管是否发生异常，都会执行该代码块
```

其中，try 块包含可能会引发异常的代码，except 块用于捕获和处理特定类型的异常，else 块包含在没有发生异常时执行的代码，finally 块包含不管是否发生异常都会执行的代码。except 块可以有多个，每个块处理一种特定类型的异常。如果没有指定异常类型，则默认捕获所有类型的异常。如果 try 块中的代码引发了异常，则跳转到对应的 except 块中进行处理。

情况一：file.txt 文件只读。

```
try:
    fh = open("file.txt", "w")
    fh.write("这是一个测试文件，用于测试异常!!")
except IOError:
    print("Error: 没有找到文件或读取文件失败")
except :
    print("Error: 内容写入文件失败")
else:
    print("内容写入文件成功")
    fh.close()
```

运行结果如下。

```
Error: 没有找到文件或读取文件失败
```

情况二：file.txt 文件没打开。

```
try:
    fh = open("file.txt", "r")
    fh.close()
    fh.write("这是一个测试文件，用于测试异常!!")
except IOError:
    print("Error: 没有找到文件或读取文件失败")
except :
    print("Error: 内容写入文件失败")
else:
    print("内容写入文件成功")
    fh.close()
```

运行结果如下。

```
Error: 内容写入文件失败
```

编程练习

例 6-3-1：编写计算速度的程序，v=s/t，当输入的 t 为 0 时，会引发一个 ZeroDivisionError 异常，提示“时间不能为 0”。

1．使用 int()函数处理输入的字符，s 为位移，t 为时间。

2．使用 try...except 块来判断输入的时间 t 是否为 0。

程序参考代码如下。

```
s=int(input("请输入位移数据（米）： "))
t=int(input("请输入时间数据（秒）： "))

try:
    v=s/t
    print("速度为： "+str(v)+"米/秒")
except ZeroDivisionError:
    print("时间不能为 0")
```

程序运行结果如下。

```
请输入位移数据（米）： 8
请输入时间数据（秒）： 0
时间不能为 0
```

例 6-3-2：输入一个合法的整数，如果不是整数，则会引发一个 KeyboardInterrupt 异常。

1．使用 int()函数处理输入的字符。

2．使用 try...except 块来判断输入的字符能否成功转换成整数。

程序参考代码如下。

```
while True:
    try:
        x = int(input("请输入一个数字： "))
        print("您输入的是数字:"+str(x))
        break
    except ValueError:
        print("您输入的不是数字，请再次尝试输入！ ")
```

程序运行结果如下。

```
请输入一个数字： hello
您输入的不是数字，请再次尝试输入！
请输入一个数字： why
您输入的不是数字，请再次尝试输入！
请输入一个数字： 88
```

```
您输入的是数字:88
```

注意：

1. 避免在 try 块中使用复杂的代码或资源密集型操作。这可能会导致异常处理变得低效或不稳定。

2. 避免使用空的 except 块。这可能会导致未处理的异常终止程序的运行。

3. 在捕获和处理异常时，应该保持代码的可读性和可维护性。避免使用过于复杂的异常处理结构或使用异常来实现正常逻辑。

6.4 自定义模块与常用模块

冒泡排序

1. 自定义模块

自定义模块是指由开发者自己创建的 Python 模块，它可以包含一些自定义的函数、类、变量等。通过自定义模块，开发者可以将一些常用的功能封装成模块，以便在其他程序中重复使用。

以下是创建自定义模块的步骤。

（1）创建一个新的 Python 文件。

（2）在该文件中，定义函数、类、变量等。

（3）保存该文件并取一个有意义的文件名，以便后续导入和使用。

（4）在其他 Python 程序中，使用 import 关键词导入自定义模块，以便使用其中定义的函数、类和变量。

例如，下面定义了名为 demo.py 的模块，代码如下。

```
def sayHello():
   print("Hello!")
def sayHelloTo(name):
   print("Hello ",name)
```

在同一个项目中创建 index.py 模块，代码如下。

```
import demo
demo.sayHello()
demo. sayHelloTo ("World!")
```

运行结果如下。

```
Hello!
Hello World!
```

模块名一般是指 Python 文件的名称。要调用模块中的函数，只需在主程序中输入“import 模块名”，即可在程序中采用“模块名.函数名（[参数]）”的方式调用模块内的函数。

2. turtle 模块

turtle 模块是 Python 中经典的画图函数库，turtle 译为海龟。使用该模块开发的图形，在默认情况下会有一只海龟在画布坐标轴上爬行并绘制出结果。

turtle 库的常用方法如表 6-2 所示。

表 6-2　turtle 库的常用方法

序　　号	方　　法	说　　明
1	turtle.forward(distance)	表示画笔向前移动 distance 距离
2	turtle.backforward(distance)	表示画笔向后移动 distance 距离
3	turtle.right(degree)	表示绘制方向为向右旋转 degree
4	turtle.penup()	表示抬起画笔，移动画笔不绘制形状
5	turtle.pendown()	表示落下画笔，移动画笔绘制形状
6	turtle.pensize()	表示设置画笔宽度
7	turtle.pencolor()	表示设置画笔颜色。常用颜色：white、black、grey、dark、green、gold、violet、purple
8	turtle.done()	表示停止绘画，保留绘图结果

绘制矩形图案，示例代码如下。

```
import turtle as t              # 导入 turtle 库，并设置别名为 t
t.pensize(5)                    # 设置画笔宽度为 5
t.pencolor("gold")              # 设置画笔颜色为金色
for x in range(20):             # 循环 20 次
      t.forward(10*x)           # 向前运动 10*x
      t.left(90)                # 左转 90°
turtle.done()                   # 停止绘画，保留绘图结果
```

运行结果如图 6-1 所示。

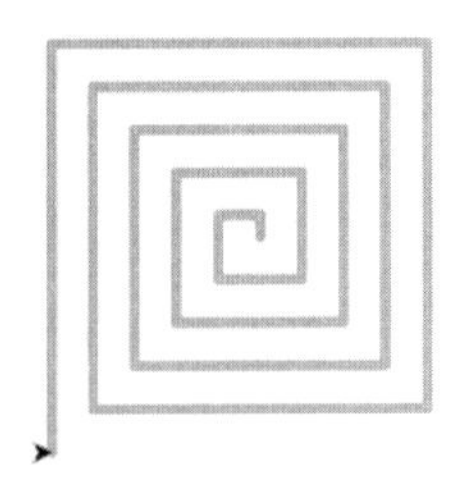

图 6-1　矩形图案

3. os 模块

os 模块提供了与操作系统交互的常用方法，包括文件和目录的操作、进程管理等。os 模块的常用方法如表 6-3 所示。

表 6-3　os 模块的常用方法

序　　号	方　　法	说　　明
1	os.walk	表示用来遍历一个目录内各个子目录和子文件
2	os.path.join(path,name)	表示连接目录与文件名
3	os.getcwd()	表示获取当前工作目录，即当前 Python 脚本工作的路径
4	os.remove(file)	表示删除一个文件
5	os.stat（file）	表示获得文件属性
6	os.mkdir(name)	表示创建目录
7	os.rmdir(name)	表示删除目录
8	os.path.isdir(name)	表示判断 name 是否为目录
9	os.path.isfile(name)	表示判断 name 是否为文件
10	os.path.exists(name)	表示判断是否存在文件或目录

在指定的目录下搜索指定的文件名，示例代码如下。

```
import os

def search_file(directory, filename):
    for root, dirs, files in os.walk(directory):
        if filename in files:
            return os.path.join(root, filename)
    else:
        return "找不到"
print(search_file("d://abc","abc.txt"))
```

运行结果如下。

```
d://abc\abc.txt
```

编程练习

例 6-4-1：使用 turtle 库绘制奥运五环图，效果如图 6-2 所示。

图 6-2　奥运五环图

【解题思路】

1．确定五环之间的位置关系。

2．确定五环的颜色差异。

3．通过循环以不同的位置和不同的颜色汇总五环图。

程序参考代码如下。

```
import turtle                    # 导入 turtle 库
turtle.pensize(3)                # 设置画笔宽度
```

```
list1=[
   [0,0,'blue',30],
   [60,0,'black',30],
   [120,0,'red',30],
   [90,-30,'green',30],
   [30,-30,'yellow',30]
]
for i in list1:
   turtle.goto(i[0],i[1])
   turtle.pendown()          # 下笔
   turtle.pencolor(i[2])     # 设置画笔颜色
   turtle.circle(i[3])       # 设置圆的半径和角度
   turtle.penup()            # 提笔

turtle.done()
```

例 6-4-2：删除指定目录 path 下的 jpg 文件。

【解题思路】

1．指定目录 path 下面可能存在的子文件夹，以及子文件夹中可能存在的子文件夹。遍历该文件夹的位置和所有文件。

2．判断文件的后缀是否为 jpg。

3．删除文件需要的路径。

4．删除文件需要用到的 os.remove()方法。

程序参考代码如下。

```
import os

path='指定目录'
for root, dir, path in os.walk(path):
        for path_name in path:
            if path_name.endswith('.jpg):
                os.remove(os.path.join(root, path_name))
```

思维训练

例 6-4-3：使用 turtle 库绘制爱心图，效果如图 6-3 所示。

【解题思路】

1．分析效果图，确定爱心图由两个三角形和两个半圆组成，分解图如图 6-4 所示。

2．计算每处转折点的角度。

3．根据各个角度，绘制图形。

图 6-3 爱心效果图

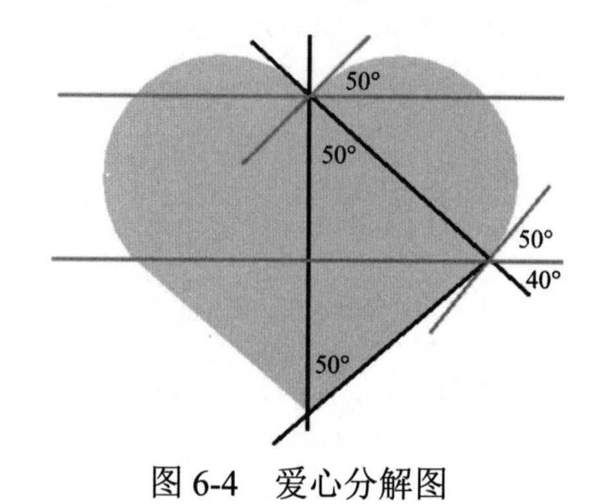

图 6-4 爱心分解图

程序参考代码如下。

```
import turtle as tt
#设置画布大小
tt.setup(width=800,height=600)
#画笔宽度
tt.pensize(5)
#画笔颜色
tt.pencolor('pink')
tt.fillcolor('pink')        #填充色设置
tt.penup()                  #提笔移动
tt.goto(30,200)             #移动坐标
tt.pendown()                #下笔绘制
#准备开始填充的起点
tt.begin_fill()
tt.left(50)                 #左转角度
tt.circle(-100,180)         #画圆
#右转角度
tt.right(10)
tt.forward(200)             #前进距离
#右转角度
tt.right(80)
tt.forward(200)
#右转角度
tt.right(10)
tt.circle(-100,180)
tt.end_fill()               #填充到此位置
#画布停留
tt.done()
```

6.5 实战 1 图书管理系统

任务要求

编写一个图书管理系统，可以实现添加图书信息、查询图书信息、借阅图书、归还图书、显示图书信息、退出程序等功能，并能够根据用户输入进行相应的操作，处理图书信息，实现简单的图书管理功能。

任务分析

本任务需要使用 Python 实现一个简单的图书管理系统，通过列表和字典来存储图书信息。

在 Python 程序中定义一个空的列表 books 来存储图书信息，每本图书使用一个字典来表示，包含图书的名称、作者、出版社和借出状态等信息。

程序主要分为以下几个部分。

1．添加图书信息

定义 add_book()函数，通过 input()函数获取图书的名称、作者和出版社等信息，使用字典将图书信息存储在 books 列表中。

2．查询图书信息

定义 query_book()函数，通过输入图书名称，遍历 books 列表中的每一本图书，查找与输入名称相同的图书，并输出该图书的作者、出版社和借出状态等信息。

3．借阅图书

定义 borrow_book()函数，通过输入图书名称，查找该图书是否已借出。如果未借出，则需要输入借阅人姓名，将图书的借出状态改为已借出，并将借阅人信息存储在该图书的字典中。

4．归还图书

定义 return_book()函数，通过输入图书名称，查找该图书是否已借出。如果已借出，则将图书的借出状态改为未借出，并从该图书的字典中删除借阅人信息。

5．显示图书信息

定义 show_book()函数，遍历 books 列表中的每一本图书，并输出图书的名称、作者、出版社和借出状态等信息。

6．退出程序

当用户选择退出程序时，使用 break 语句退出循环，结束程序。

任务实施

1．添加图书信息的功能

通过 input()函数获取用户输入的图书名称、作者和出版社等信息，并将这些信息打包成一个字典 book，将其添加到列表 books 中。

```
# 定义一个空列表用于存储图书信息
books = []
# 添加图书信息函数
def add_book():     #定义添加图书信息函数
    # 从用户输入中获取图书的名称、作者和出版社信息
    name = input("请输入图书名称：")
    author = input("请输入作者：")
    press = input("请输入出版社：")
    # 将获取到的信息打包成字典类型的数据
    book = {"name": name, "author": author, "press": press, "status": "未借出"}
    # 将打包好的字典添加到 books 列表中
    books.append(book)
    # 输出信息添加成功
    print("图书信息添加成功！")
```

2．查询图书信息的功能

通过 input()函数获取用户输入的图书名称，遍历图书列表 books。如果找到了匹配的图书，则输出该图书的作者、出版社和借出状态等信息；如果没有找到匹配的图书，则输出“未找到该图书的信息！”。

```
# 查询图书信息函数
def query_book():  # 定义查询图书信息函数
    # 从用户输入中获取要查询的图书名称
    name = input("请输入要查询的图书名称：")
    # 遍历列表 books，检查每一本图书的名称是否与用户输入的名称一致
    for book in books:
        if book["name"] == name:
            # 如果找到了匹配的图书，则输出该图书的作者、出版社和借出状态
            print("作者：%s，出版社：%s，借出状态：%s" % (book["author"],
book["press"],book["status"]))
            break
    else:
        # 如果在列表 books 中没有找到匹配的图书，则输出“未找到该图书的信息！”
        print("未找到该图书的信息！")
```

3．借阅图书的功能

通过 input()函数获取用户要借阅的图书的名称，遍历图书列表 books。如果找到了匹配的图书，并且该图书未被借出，则提示用户输入借阅人姓名，将该书的借出状态改为已借出，同时记录借阅人姓名，并输出借阅成功信息；如果该书已被借出，则输出“该图书已借出!”；如果在列表 books 中没有找到匹配的图书，则输出“未找到该图书的信息!”。

```
# 借阅图书函数
def borrow_book():  # 定义借阅图书函数
    # 从用户输入中获取要借阅的图书名称
    name = input("请输入要借阅的图书名称: ")
    # 遍历列表 books，检查每一本书的名称是否与用户输入的名称一致
    for book in books:
        if book["name"] == name and book["status"]=="未借出" :
            # 如果找到了匹配的图书，并且该书未被借出，则提示用户输入借阅人姓名
            borrower = input("请输入借阅人姓名: ")
            # 将该书的借出状态改为已借出，同时记录借阅人姓名
            book["status"] = "已借出"
            book["borrower"] = borrower
            # 输出借阅成功信息
            print("借阅成功! ")
            break
        else:
            # 如果该书已被借出，则输出“该图书已借出!”
            print("该图书已借出! ")
            break
    else:
        # 如果在列表 books 中没有找到匹配的图书，则输出“未找到该图书的信息!”
        print("未找到该图书的信息! ")
```

4．归还图书的功能

通过 input()函数获取用户要归还的图书的名称，遍历图书列表 books。如果找到了匹配的图书，则检查该书的借出状态。如果该书未被借出，则输出“该图书未借出!”；如果该书已被借出，则将该书的借出状态改为未借出，同时删除借阅人信息，并输出“归还成功!”。如果在列表 books 中没有找到匹配的图书，则输出“未找到该图书的信息!”。

```
# 归还图书函数
def return_book():  # 定义归还图书函数
    # 从用户输入中获取要归还的图书名称
```

```
    name = input("请输入要归还的图书名称：")
    # 遍历列表books，检查每一本图书的名称是否与用户输入的名称一致
    for book in books:
        if book["name"] == name:
            # 如果找到了匹配的图书，则检查该书的借出状态
            if book["status"] == "未借出":
                # 如果该书未被借出，则输出"该图书未借出！"
                print("该图书未借出！")
            else:
                # 如果该书已被借出，则将该书的借出状态改为未借出，同时删除借阅人信息
                book["status"] = "未借出"
                book.pop("borrower")
                # 输出"归还成功！"
                print("归还成功！")
            break
    else:
        # 如果在列表books中没有找到匹配的图书，则输出"未找到该图书的信息！"
        print("未找到该图书的信息！")
```

5. 显示图书信息的功能

通过遍历图书列表books，输出每一本图书的名称、作者、出版社和借出状态。

```
# 显示所有图书信息函数
def show_book():  # 定义显示所有图书信息函数
    # 遍历列表books，输出每一本图书的名称、作者、出版社和借出状态
    for book in books:
        print("书名：%s，作者：%s，出版社：%s，借出状态：%s" %
(book["name"],book["author"], book["press"],book["status"]))
```

6. 图书管理系统的主程序

通过不断地循环，让用户可以选择要执行的操作。通过input()函数获取用户输入的选项，并根据用户选择的选项执行相应的函数。

```
# 主程序
while True:
    # 输出操作菜单，要求用户选择要执行的操作
    choice = input("请选择操作：1.添加图书信息 2.查询图书信息 3.借阅图书 4.归还图书
5.显示图书信息 6.退出程序")
    if choice == "1":
        # 如果用户输入的是1，则执行添加图书信息函数
        add_book()
    elif choice == "2":
        # 如果用户输入的是2，则执行查询图书信息函数
```

```
        query_book()
    elif choice == "3":
        # 如果用户输入的是 3，则执行借阅图书函数
        borrow_book()
    elif choice == "4":
        # 如果用户输入的是 4，则执行归还图书函数
        return_book()
    elif choice =="5":
        # 如果用户输入的是 5，则执行显示图书信息函数
        show_book()
    elif choice == "6":
        # 如果用户输入的是 6，则退出程序
        break
    else:
        # 如果用户输入的是无效选项，则输出“无效的选择，请重新输入！”
        print("无效的选择，请重新输入！")
# 输出“感谢使用图书管理系统！”
print("感谢使用图书管理系统！")
```

6.6　实战 2 智能闹钟功能

任务要求

基于当前时间，模拟闹钟功能的开发，开发板上显示当前北京时间，在一定条件下触发蜂鸣器。具体要求如下。

1．每到一个半点让蜂鸣器响一声。

2．每到一个整点让蜂鸣器响两声。

任务分析

1．导入 time 模块，获取当前时间。

2．开发板上显示当前北京时间。

3．定义一个名为 chime 的函数，用于实现每个整点和每个半点报时的功能。

4．通过 chime()函数获取当前时间的小时数，并根据小时数的不同在开发板中做出不同的反应。

任务实施

```
import time
from JtPythonBCPToHardware import *
```

```
# 创建 SerialTool 对象，指定串口号为 com3
mySerial = SerialTool("com3")
# 定义广告信息
adverts = '欢迎使用数字虚拟教学仿真硬件平台！'
def chime():
    """每个整点和每个半点报时"""
    minute = int(time.strftime("%M"))
    second = int(time.strftime("%S"))
    timestr=time.strftime("%H:%M:%S")

    if minute == 0 and second == 0:
        mySerial.hardwareSend(HardwareType.buzzer, HardwareCommand.control, 
HardwareOperate.BUZZERON)
        sleep(1)
        mySerial.hardwareSend(HardwareType.buzzer, HardwareCommand.control, 
HardwareOperate.BUZZERON)
    elif minute == 30 and second == 0:
        mySerial.hardwareSend(HardwareType.buzzer, HardwareCommand.control, 
HardwareOperate.BUZZERON)
        sleep(1)
    else:
        mySerial.hardwareSend(HardwareType.lcd, HardwareCommand.control, timestr)
        sleep(1)
while True:
    chime()
```

任务拓展

结合开发板，可以对智能闹钟进一步添加或者修改自定义函数，设置一系列特殊的时刻，根据这些时刻，提醒用户做不同的事情或者自动为用户提供服务，如每天早上 6 点半的叫醒服务等。

本章小结

面向过程是 Python 编程中非常基础和重要的一个概念。函数是一段可重用的代码，用于完成特定的功能或计算，可以接收输入参数并返回输出结果。通过自定义函数，可以提高代码的复用性和可维护性，使程序更加模块化和结构化。此外，Python 还支持函数带有默认参数、可变参数、关键词参数和不定长参数等功能，使函数更加灵活和实用。自定义函数是 Python 编程中非常重要的概念，可以帮助开发者更加高效地编写代码，提高程序的质量和运行效率。

第7章 面向对象的基本应用

学习目标

- 理解面向对象的产生
- 掌握类与对象的基本用法
- 理解类的封装、继承和多态

学习重点和难点

- 对象的实例化应用
- 继承与多态的理解与使用

思维导图

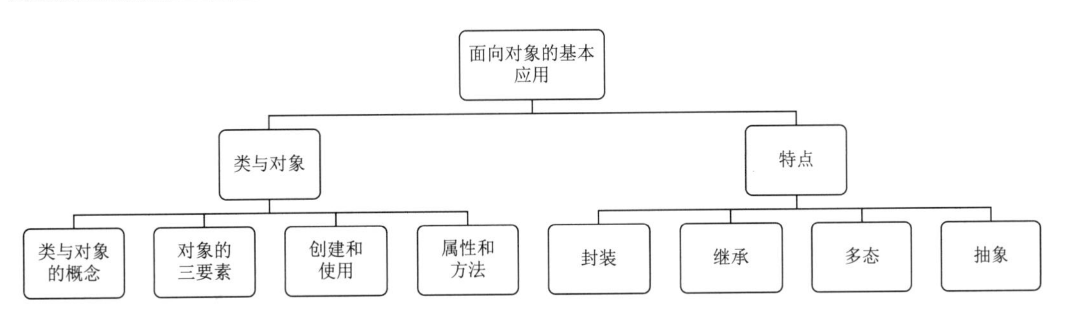

本章导论

现实世界中的实物其实都是对象，如华为电脑，它有品牌、尺寸、主板等信息，涵盖一个对象应具有的三要素：属性、事件与方法。因此，面向对象编程更符合人们对事物的认知，对开发者来说，使用面向对象的方式开发的程序也更符合代码与现实事物的相互映射。

通过对本章的学习，读者可以掌握类与对象的基本用法，尤其是类的封装、继承、多态的特性，让程序更易于维护、扩展和复用。使用面向对象的方式开发的程序让复杂的业务变得简单，是开发者从事软件开发的必备知识。

7.1 类与对象

“物以类聚，人以群分”，所谓的“类”是一种被人为抽象和总结的概念。对象是类的具体实例，属于具体的某个事物。所以，对象是由某个类作为基础模板得到的。在图 7-1 所示的类和对象示例图中，卫生工具是一个类，可以在此基础上衍生出不同类型的卫生工具（拖把、扫把、抹布等），这些衍生出来的具体的卫生工具就是对象。

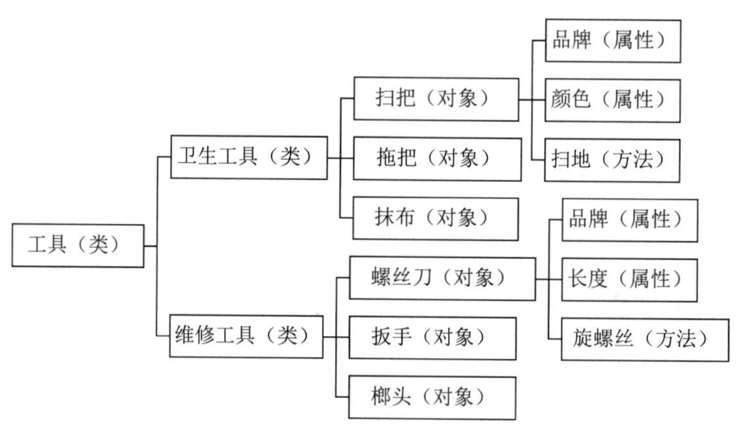

图 7-1 类和对象示例图

知识精讲

一个类是一种抽象的表现形式，具有通用的属性和方法，如图 7-2 所示。

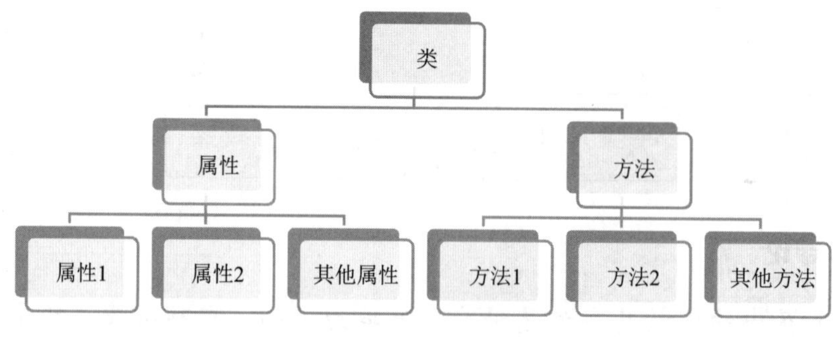

图 7-2 类的属性和方法

在实际的软件业务中，还可以将相关的事件绑定到类的对象上。对象的三要素为属性、事件、方法。

在创建类时，类的方法可以省略，但类的属性一般是在创建类的同时被定义的。创建一个类可以用 class 关键词静态定义，也可以用 type()方法动态生成。

1. 用 class 创建类

用 class 创建类的第一种方式，语法格式如下。

```
class 类名称:
    属性 1
    属性 2
    其他属性
    方法 1
    方法 2
    其他方法
```

示例代码如下。

```
class Tool:
    name=""                  #名称
    brand=""                 #品牌
    def execute(self):       #定义执行工具方法
        pass
```

说明： 类的每个属性一般都单独为一行，类的方法也是单独另起一行开始编写，这样代码不仅不容易写错，而且比较清晰。

用 class 创建类的第二种方式，使用继承 object 的方式创建类，语法格式如下。

```
class 类名称(object):
    属性 1
    属性 2
    其他属性
    方法 1
    方法 2
    其他方法
```

示例代码如下。

```
class Tool(object):
    name=""                  #名称
    brand=""                 #品牌
    def execute(self):       #定义执行工具方法
        pass
```

以上两种创建方式的差别为是否多了(object)，对于 Python 2.x 版本来说，有(object)的类会有更多功能，但本书针对的是 Python 3.x 版本，是否有(object)的类的功能都是一样的，因为内部在创建类时默认继承了 object，这也是使用高版本的方便之处。

> 注意：在 Python 中编写代码时涉及的所有符号都使用英文半角的格式。

2．用 type()方法动态创建类

用 type()方法不仅能查看数据类型，还能创建类，语法格式如下。

```
类名=type(参数1,参数2,参数3)
```

参数 1：字符串类型，用于表示类的名称，最好和 type()方法返回的类名保持一致。

参数 2：元组类型，可以为空，用于表示当前创建的类继承了哪些父类。

参数 3：字典类型，表示当前类中有哪些属性或方法，可以将这些属性或方法进行初始化。

示例代码如下。

```
#自定义类的初始化方法
def myinit(self,name,press):
    self.name=name
    self.press=press
Book=type("Book",(),{"name":"书名",'press':"出版社",'__init__':myinit})
```

> 说明：myinit 是一个自定义的类函数，把它与 Python 的魔法方法__init__()相对应，可以作为 Book 类的初始化方法。

使用 type()方法创建类的好处是无须用一个已经由开发者定义的类去表示另一个类，而可以根据实际的业务，动态地创建一个类，并在之后使用该类。在学习数据库后，可以根据数据库中的数据表去动态创建对应的类，这样程序中的类会随着数据库中数据表的改变而动态地改变。

> 注意：类名的首字母一般都是大写的。例如，创建一个学生类，类的名称使用 Student，而非 student。

3．类的对象

在创建一个类后，就可以根据这个类实例化对象了。这个实例化的过程就像制作中秋节传统文化中的月饼，即利用一个月饼模具（类）生产出好多月饼

（对象）的过程。

类的实例化方式一，语法格式如下。

```
对象名称=类名称()
```

示例代码如下。

```
mybook=Book()
```

🔑说明：Book 是一个自定义的类，用来表示“书”。mybook 就是根据类创建的对象，这个对象也是一个变量，有自己的内存空间。

类的实例化方式二，语法格式如下。

```
对象名称=类名称(参数 1,参数 2,…)
```

示例代码如下。

```
#工具类
class Tool:
    pass  #此处省略了初始化类时的带参函数
#在实例化类时通过参数传递初始化对象属性
mytool=Tool("123")
```

两种实例化方式的不同点在于是否要在对象初始化时向该对象的属性传入初始值。读者需要注意，每次实例化生成的对象都是独立的，在内存中位于不同的地址空间，互不影响。

示例代码如下。

```
cn1=Chinese()   #实例化类，保存到 cn1 变量中
cn2=Chinese()   #实例化类，保存到 cn2 变量中
print('分别输出内存地址：',id(cn1),'、',id(cn2))
```

运行结果如下。

```
分别输出内存地址： 3104010369232 、 3104010371664
```

通过观察运行结果，可见同一个类实例化的对象的地址不同。

🔑说明：Chinese 是一个自定义的类，表示中国人，读者可以根据前面创建类的方法提前自行创建。

注意：读者使用 id()函数输出的对象的地址与本书一般是不同的，因为 Python 编程会先与操作系统协商出空闲的内存地址，再存储变量，这涉及操作系统内存存储的原理。

4．类的方法

在面向过程编程中已经接触过函数的相关知识，而在面向对象编程中，统一把类中定义的函数叫作类的方法，仅仅是叫法不同而已。

在类中定义方法的好处是可以对某个指定的功能在类的内部进行封装，还能对这些方法使用继承等特性，发挥出强大的类功能。

定义类的方法，语法格式如下。

```
class 类名称:
    def 方法名称(self,参数1,参数2,…):
        pass
```

类的方法中的参数可以根据实际的情况省略，但是 self 不能省略，因为 self 在 Python 类中有特别的意义，它代表实例化类的对象以及当前使用的对象。

在类中定义一个方法，示例代码如下。

```
#杯子类
class Cup:
    mybrand=""
    def setBrand(self,brand):
        self.mybrand=brand  #将“品牌”参数传入到类对象的属性 mybrand 中
```

类的方法除了自定义，用得比较多的就是类的__init__()魔法方法，因为它可以帮助类在实例化的同时初始化对象的参数。在面向对象编程中，该方法通常也称类的构造方法。

示例代码如下。

```
#工具类
class Tool:
    name="工具类"
    def __init__(self,name):
        self.name=name
#实例化类的时候，利用__init__()魔法方法进行了属性 name 的初始化
    tool1=Tool("维修工具")  #实例化一个“维修工具”对象
    tool2=Tool("卫生工具")  #实例化一个“卫生工具”对象
```

编程练习

例 7-1-1：编写一个文化类 Culture，内含自定义方法 myprint()，具体方法可以不用实现，使用占位符表示。

【解题思路】

1．创建类需要用到 class 关键词，注意类的创建格式。

2．在类的内部利用 def 关键词自定义一个 myprint()方法，需要注意方法的第一个参数要有 self 关键词。

程序参考代码如下。

```
#创建文化类
class Culture:
    #自定义方法
    def myprint(self):
        pass #占位符
```

> 注意：类的创建过程只是一个定义过程，一般没有输出内容，在不报错的情况下都是创建成功的。

例 7-1-2：自定义一个月饼类 Mooncake，要求在进行对象初始化时传入月饼口味（taste）和保质期（period）参数，并通过自定义方法 getParams()来输出月饼口味和保质期。

【解题思路】

1．该类在创建时需要有初始化方法__init__()，因为对象在实例化时要传入参数。

2．输出不同月饼的口味和保质期，需要先对月饼传入不同的实例化参数，再调用 getParams()方法。

程序参考代码如下。

```
#创建月饼类
class Mooncake:
    #初始化方法
    def __init__(self,taste,period):
        self.taste=taste
        self.period=period
    #输出月饼参数
    def getParams(self):
        print(f'月饼口味：{self.taste},保质期：{self.period}')

#实例化月饼
mc1=Mooncake("豆沙",'1 个月')
mc2=Mooncake("鲜肉",'15 天')
#输出月饼参数
mc1.getParams()
```

```
mc2.getParams()
```

程序运行结果如下。

```
月饼口味：豆沙,保质期：1个月
月饼口味：鲜肉,保质期：15天
```

思维训练

例 7-1-3：利用 type()方法创建一个类，类名为 Favorite，代表“最喜欢”，类属性为 food（代表食物）。

【解题思路】

1. 使用 type()方法创建类。

2. 需要在第三个参数传入字典类型的数据。

程序参考代码如下。

```
#创建类
Favorite=type('Favorite',(),{'food':"最喜欢的食物"})
```

在动态创建类的时候需要注意类名称最好和返回的变量名称相同，同时按照行业规范将类的首字母大写。若代码运行不报错，则代表成功创建了类 Favorite。

例 7-1-4：使用 type()方法创建类 Motto，代表“格言”，在对象初始化时传入一个格言，并利用 say()方法输出格言。

【解题思路】

1. 使用 type()方法创建的类要在参数中调用__init__()方法帮助其进行初始化，要写入第三个参数中。

2. 自定义方法 say()还需再次进行自定义，同时注意 self 参数中的关键词。

程序参考代码如下。

```
#自定义类，可以传入初始化参数的格言
def motto_init(self,msg):
   self.msg=msg
#自定义 say()方法，输出格言
def motto_say(self):
   print(self.msg)
#创建类
Motto=type('Motto',(),{'__init__':motto_init,'say':motto_say})
#实例化对象
mymoto1=Motto('格言：做大事要从小事开始！')
#输出格言
mymoto1.say()
```

程序运行结果如下。

```
格言：做大事要从小事开始!
```

7.2　属性

属性方法

知识精讲

Python 编程中没有严格的类属性的定义，因为 Python 的变量创建机制是创建变量的同时初始化值，没有明确要求声明变量。因此，在类中创建一个属性最简单的方法是直接在类中将需要的属性变量进行初始化。下面介绍类和对象中的属性创建和使用方法。

1. 属性创建方法一

用 class 创建类，该方法创建的属性是类的属性，同时默认为该类的实例化对象的默认属性和值，该类属性的初始化格式如下。

```
class 类名称:
    属性名 1=属性值 1
    属性名 2=属性值 2
    其他属性=其他属性值
```

示例代码如下。

```
class Student:
    name=""                #姓名
    age=0                  #年龄
```

用此方法创建的类，其属性的调用格式如下。

```
类的名称.类的属性
```

示例代码如下。

```
Student.name           #调用类的属性 name，输出 name 的值
#实例化类的对象
stu1=Student()
stu1.name              #同样可以输出类的属性值
```

2. 属性创建方法二

使用__init__()方法初始化类的实例化对象。注意，该方法创建的属性属于类的实例化对象，而不是类。

```
class 类名称:
    def __init__(self,属性参数 1,属性参数 2,…):
        self.属性 1=属性参数 1
```

```
        self.属性 2=属性参数 2
        …
```

对象的属性必须在实例化对象后才能使用，示例代码如下。

```
class Tool:
    def __init__(self,name):
        self.name=name
tool1=Tool("维修工具")          #实例化一个“维修工具”对象
print(tool1.name)              #输出“维修工具”
```

如果使用代码 print(Tool.name)的方式来输出，则会直接报错，报错结果如下。

```
AttributeError: type object "Tool" has no attribute "name"
```

说明： 报错中指明类 Tool 并没有属性 name。

3．属性创建方法三

在创建的对象上直接为需要创建的属性赋值，使用该方法创建的属性也是属于对象的属性，格式如下。

```
    对象.属性 1=值 1
    对象.属性 2=值 2
```

示例代码如下。

```
    mybook=Book()
    mybook.page=200         #页大小属性
    mybook.color="blue"     #书的颜色
```

说明： 在对象上创建的属性不会影响类的属性，也不会影响类创建的其他对象的属性，因为每个对象都是独立的。

对象 1 创建的属性并不能在对象 2 上使用，因为两个对象是独立的。只有在类中创建的属性才能被实例化对象使用。示例代码如下。

```
class Student:
    name="学生"
    def __init__(self,name):
        self.name=name
stu1=Student("张三")
stu2=Student("李四")
stu1.slogn="我爱讲卫生"

print('输出 stu1 的 slogn 值：',stu1.slogn)
print('输出 stu2 的 slogn 值：',stu2.slogn)
```

此示例能正常输出 stu1 的 slogn 值，但是无法在 stu2 上输出，并且会报错，因为这个属性是在 stu1 对象上单独定义的，报错结果如下。

```
AttributeError: "Student" object has no attribute "slogn"
```

4. 属性创建方法四

使用带有下画线（ _ ）的属性表示类的私有属性。在 Python 中，使用双下画线（ __ ）创建的属性默认不能被创建的类或对象直接访问，但在类的内部可以被各个不同的方法访问。创建格式如下。

```
class 类名称:
    __属性名称 1=属性值 1
    __属性名称 2=属性值 2
    …
```

除上述格式外，也可以在__init__()方法创建的属性前加上双下画线，这里不再展开描述。私有属性的唯一不同就是在属性名称前需要加双下画线。示例代码如下。

```
class Book:
    def __init__(self):
        self.__name="书"
        self.__press="出版社"
```

用私有属性创建的对象不能直接使用之前的方法访问对象的属性，否则会报错。

用实例化对象访问属性__name，示例代码如下。

```
mybook=Book()
print(mybook.__name)
```

运行后会报错，报错结果如下。

```
AttributeError: 'Book' object has no attribute '__name'
```

报错的结果说明对象没有属性__name。但由于 Python 是动态语言，没有绝对无法访问的私有属性，因此，本质上也可以通过比较冷门的方式来访问这个私有属性。通过输出 dir（mybook）的结果，可以看到类中多了两个属性名称（_Book__name 和_Book__press）。根据输出结果可以发现，在 Python 中创建的私有属性在生成对象时只在私有属性前加上了“_类名称”。通过代码 mybook._Book__name 也可以访问属性的值，示例代码如下。

```
class Book:
    def __init__(self):
        self.__name="书"
```

```
        self.__press="出版社"
mybook=Book()
print(mybook._Book__name)   #输出对应私有属性的值
```

🔑**说明：** 在程序开发中，一般都会习惯性地在私有属性前加上一个下画线，所以在 Python 中如果发现属性是有一个下画线的，则该属性一般作为私有属性使用，不能在实例化对象上随意访问和修改。

在面向对象编程中，当外界访问类对象内部的私有属性时，一般都要单独写一个方法，先将传入的值从外部写入私有属性，然后利用类的方法将私有属性读取出来并返回。示例代码如下。

```
class Book:
    def __init__(self):
        self.__name="书"
        self.__press="出版社"
    #设置私有属性__name
    def set__name(self,name):
        self.__name=name
    #获取私有属性__name
    def get__name(self):
        return self.__name
mybook=Book()
mybook.set__name("努力读书")
print(mybook.get__name())   #输出“努力读书”
```

注意： 在创建类的属性时要明确创建的属性是属于类的，还是类的实例化对象的；还要明确创建的属性是私有属性还是公有属性；最后要了解 Python 是动态语言的这一特殊性，决定了类的属性访问限制并没有明确的私有性。

编程练习

例 7-2-1：用 class 创建一个 Chinese 类，要求默认已经初始化类的属性 nation 为“中华民族”，并自定义类的方法名称为 say，可以传入一个字符串类型的参数，在方法内部实现输出传入的参数。

【解题思路】

1．创建类需要使用 class 关键词而非 type()方法。

2．在创建类时要分清楚类的属性和对象的属性。

3．创建自定义方法 say()，需要注意方法的第一个参数默认为 self，代表类的对象。

程序参考代码如下。

```
class Chinese:
    nation = "中华民族" #初始化类的属性
    #定义 say() 方法
    def say(self,w):
        print(w)            #将要说的内容输出到控制台上
```

例 7-2-2：修改例 7-2-1 中创建的 Chinese 类，将类的属性 nation 修改为“华夏子孙”，增加初始化对象的方法__init__()，在内部初始化类的对象属性 nation 为“中华民族”；创建一个对象 cn，要求先输出对象的 nation 属性值，再调用 say()方法传入字符串“我爱伟大的祖国！”。

【解题思路】

1．利用例 7-2-1 中的 Chinese 类，在这个基础上继续解题，不要忘记修改类的属性值。

2．增加实例化对象的方法，初始化对象的属性。

3．创建对象 cn，即实例化类 Chinese，注意实例化对象是保存在变量 cn 中的。

4．调用 say()方法，需要根据创建的 cn 对象编写。

程序参考代码如下。

```
class Chinese:
nation="华夏子孙"
    def __init__(self):
        self.nation="中华民族"      #定义属性
    #定义 say 方法
    def say(self,w):
        print(w)                  #将要说的内容输出到控制台上

cn=Chinese()
print(cn.nation)                  #输出“中华民族”
cn.say("我爱伟大的祖国！")
```

程序运行结果如下。

```
中华民族
我爱伟大的祖国！
```

思维训练

例 7-2-3：自定义类 Thing，代表“做事”，该类有一个私有属性 mytxt，用于存储字符串；自定义方法 append()，通过参数向字符串追加文本，通过

getMytxt()方法获取存储的字符串。

【解题思路】

1．在自定义类时，类的属性必须是私有的，意味着其一般不能被私自访问，注意使用下画线开头来命名属性变量。

2．自定义方法 append()，需要在拼接文本之前调用该对象原有的文本变量。

3．自定义方法 getMytxt()，通过 self 获取私有属性的值。

程序参考代码如下。

```
#自定义类
class Thing:
    #初始化方法
    def __init__(self):
        self.__mytxt='' #初始化对象的属性为空值
    #追加字符串方法
    def append(self,txt):
        self.__mytxt+=txt
    #获取存储在私有属性中的值并输出
    def getMytxt(self):
        print(self.__mytxt)

#将字符串逐个传入私有属性并存储为文本
mything=Thing()
#逐步追加文本
mything.append('学习')
mything.append('知识')
mything.append('需要')
mything.append('耐心')
#输出文本
mything.getMytxt()
```

程序运行结果如下。

```
学习知识需要耐心
```

例 7-2-4：创建一个类 Noodle，代表“面条”，该类有一个私有属性，用于存储在对象初始化时随机生成的一组不同的颜色，颜色使用 RGB 方式的元组表示，并通过方法 getColors()输出生成的颜色列表。

【解题思路】

1．在创建的类的构造方法中加入私有的颜色属性并初始化列表。

2．使用随机数模块 random 来决定传入的颜色的个数。

3．颜色元组中的每个颜色值的范围为[0,255]。

程序参考代码如下。

```
import random
#自定义类
class Noodle:
    #初始化方法
    def __init__(self):
        #随机生成一个颜色列表
        self.__colors=[]
        #随机生成一组颜色
        #随机生成5至10个颜色
        num=random.randint(5,10)
        for i in range(num):
            self.__colors.append((random.randint(0,255),
random.randint(0,255),random.randint(0,255))) #颜色使用RGB方式表示

    def getColors(self):
        print(self.__colors)
#实例化对象
mynoodle=Noodle()
#输出颜色组
mynoodle.getColors()
```

程序运行后的输出结果是随机的，以下结果是其中一种。

```
[(107, 69, 170), (99, 57, 239), (200, 74, 215), (53, 66, 69), (194, 132, 134)]
```

注意：由于用到了随机数生成的个数及颜色的值，因此每次运行的结果都是不一样的，上述结果仅供参考。

7.3 继承、多态与抽象

类继承

继承和多态是面向对象编程的重要特点，此外还有封装和抽象。在前两节中，通过在类中自定义方法及类的实例化已经充分体现了类的封装特点。类的抽象是为进一步辅助开发者实现类的封装、继承和多态而存在的。

1. 类的继承

在现实生活中，孩子可以通过继承获得父母的遗产，Python编程中的继承的概念也是类似的，只是在编程中体现的是子类继承父类的功能和属性。

继承的语法格式如下。

```
class 类名称(想要继承的父类名称):
    #属性和方法
```

示例代码如下。

```
class MyClass(Myparentclass):
    pass
```

Python 允许一个子类同时继承多个父类，继承多个父类的语法格式如下。

```
class 类名称(继承的父类名称 1,继承的父类名称 2,继承的父类名称 3,…):
    #属性和方法
```

示例代码如下。

```
class MyClass(Myparentclass1, Myparentclass2, Myparentclass3):
   pass
```

类继承的目的是使用父类的属性和方法，此时可以在子类中通过 super()方法访问父类中的属性或方法，语法格式如下。

```
super().父类方法名(若干参数)
```

示例代码如下。

```
super().__init__("张三") #调用父类构造方法，传入初始化参数"张三"
```

在学会类的定义和继承后，还需要实例化子类对象，并调用父类的方法或属性，发挥继承的特性。

2. 类的多态

多态可以简单理解为多种形态，一般用来表示同一事物可以表现出多种形态。Python 编程中表现为父类的某个方法，在子类中可以对这个方法重新进行编写。例如，由于普通话的普及，中国人基本都会说普通话，但全国的地方语言多有不同，上海人除了会说普通话还会说上海话，宁波人还会说宁波话，嘉兴人还会说嘉兴话等。

类的多态通常表现为子类重写父类的同名方法，语法格式如下。

```
class 子类(父类):
    def 父类中的方法(self):
    pass
```

例如，父类中已经有一个 run()方法，现在在子类中进一步重写这个方法。

```
class Myparentclass():
   def run(self):
       print("我讲普通话")
class MyClass(Myparentclass):
   #重写 run()方法
   def run(self):
       print("我讲普通话，也讲上海话")
```

```
mc1=MyClass()
mc1.run()
mc2=Myparentclass()
mc2.run()
```

注意：在子类中虽然对父类的方法进行了重写，但仍然可以调用重写过的父类方法，只是需要调用 super()方法。

3. 类的抽象

抽象可以理解为模板，而抽象类的概念可以理解为类的模板，也就是在自定义一个类时需要根据抽象类这个模板去实现一些规定的属性或方法。所以，抽象类中的方法往往只是定义并不实现，具体实现部分需要写到继承抽象类的自定义类中。

在 Python 编程中默认并不提供创建抽象类的支持，需要导入 abc 库才能实现。abc 库是抽象核心基类，全称为 abstract base classes。在开发抽象类时主要是利用 abc 库中的 ABCMeta 类或 ABC 类实现抽象类，使用 abstractmethod 装饰器实现抽象方法的。

ABCMeta 是一个元类，除了抽象功能，还可以为开发者提供更复杂的功能，如接口等。

ABC 是继承 ABCMeta 元类实现的一个类，一般使用这个模块来创建一个抽象类会更简易方便。

abstractmethod 可以将类中的方法装饰为抽象方法，在装饰一个抽象方法时往往要在前面加上一个“@”符号，变为@abstractmethod。

在开发抽象类时需要先导入基础模块，代码如下。

```
from abc import ABCMeta,abstractmethod,ABC
```

在自定义抽象类后往往需要有至少一个自定义的抽象方法，语法格式如下。

```
class 自定义抽象类名称(ABC):
    @abstractmethod
    def 自定义抽象方法名称(self,若干参数):
        pass
```

编程练习

例 7-3-1：编写程序，创建 Person 类，表示“人”，Student 类表示“学生”，要求这两者有一个继承关系是 Student 类继承 Person 类。在测试时，将 Student

类实例化，传入姓名属性值为刘爱国，年龄为 16 岁，调用自我介绍方法 introduction()。

【解题思路】

1．用 class 创建两个类，其中 Person 类是 Student 类的基础类。

2．利用类的继承，Student 类在被创建后可以调用父类的属性和方法。

程序参考代码如下。

（1）Person 类。

```
#Person类，表示“人”，是一个基础类
class Person:
    def __init__(self,name,age):
        self.name=name      #姓名属性
        self.age=age        #年龄属性
    #方法：可以传入一个字符串到该方法中并输出
    def say(self,msgstr):
        print(msgstr)
```

（2）Student 类。

```
#Student类，继承Person类
class Student(Person):
    #初始化构造方法
    def __init__(self,name,age):
        super().__init__(name,age)   #传入父类

    #自我介绍
    def introduction(self):
        super().say(f'我叫{self.name}，年龄：{self.age}岁，我平时热爱学习，勇于创新！')
```

（3）实例化对象和方法的调用。

```
#实例化Student类
stu1=Student("刘爱国",16)
#在自我介绍方法introduction()中调用父类方法say()，做一个自我介绍的输出
stu1.introduction()
```

程序运行结果如下。

```
我叫刘爱国，年龄：16岁，我平时热爱学习，勇于创新！
```

例 7-3-2：编写程序，创建 Chinese 类，表示“中国人”，初始化属性包含 name 和 place，分别表示“人名”和“地名”。用一个子类表示“地方人”，分别传入地方参数为宁波、嘉兴、上海，地方人类中有一个方法 language()。现在要求利用本地类，实例化宁波、上海、嘉兴的 3 位名人，并且调用每个对象的

language()方法。

【解题思路】

1. 编程可以分步骤进行，第一步实现基础的两个类 Chinese 和 Localpeople。

2. 通过实例化类传入各地区的名人，初始化参数可以自定义。

3. 修改 Localpeople 类，利用 super()方法进一步调用同名的父类方法。

程序参考代码如下。

（1）定义两个类。

```
#定义 Chinese 类，表示“中国人”
class Chinese:
    #初始化姓名、地方
    def __init__(self,name,place):
        self.name=name
        self.place=place
    #定义方法：输出“我会说普通话”
    def language(self):
        print(f'我叫{self.name}，我会说普通话')

#定义类，表示本地人
class Localpeople(Chinese):
    #初始化构造方法
    def __init__(self,name,place):
        super().__init__(name,place)
    #重写 language()方法
    def language(self):
        print(f'我叫{self.name}，我是中国人，出生在{self.place}，我的家乡还会说
{self.place}话！')
```

（2）实例化本地类。

```
#实例化本地类为各个地方的著名人物
ningbo=Localpeople("屠呦呦","宁波")
ningbo.language()
shanghai=Localpeople("徐光启",'上海')
shanghai.language()
jiaxing=Localpeople('金庸','嘉兴')
jiaxing.language()
```

程序运行结果如下。

```
我叫屠呦呦，我是中国人，出生在宁波，我的家乡还会说宁波话！
我叫徐光启，我是中国人，出生在上海，我的家乡还会说上海话！
我叫金庸，我是中国人，出生在嘉兴，我的家乡还会说嘉兴话！
```

（3）在子类的 language()方法中调用父类的 language()方法，代码如下。

```
#定义类，表示本地人
class Localpeople(Chinese):
    #初始化构造方法
    def __init__(self,name,place):
        super().__init__(name,place)
    #重写 language()方法
    def language(self):
        super().language()  #调用父类的方法
        print(f'我叫{self.name}，我是中国人，出生在{self.place}，我的家乡还会说
{self.place}话！')
```

程序运行结果如下。

```
我叫屠呦呦，我会说普通话
我叫屠呦呦，我是中国人，出生在宁波，我的家乡还会说宁波话！
我叫徐光启，我会说普通话
我叫徐光启，我是中国人，出生在上海，我的家乡还会说上海话！
我叫金庸，我会说普通话
我叫金庸，我是中国人，出生在嘉兴，我的家乡还会说嘉兴话！
```

说明： 通过自定义的 Localpeople 类和 Chinese 类，不难发现子类不仅可以调用父类的方法，还可以对父类的方法进行重写，在重写后仍可以在类中调用重写的父类方法，这不仅体现了子类的特征，还充分保留了父类的特征，从而体现了类的多态特性。

思维训练

例 7-3-3：编写一个抽象类，要求自定义的抽象类名称是 Thought，表示“思想形态”，自定义两个抽象方法 study()和 practice()，分别表示“学习”和“实践”。自定义一个子类 Socialism，表示“社会主义”，该类继承抽象类 Thought，用于进一步实现 study()方法和 practice()方法。study()方法主要用于输出“我们要努力学习社会主义核心价值观！”，practice()方法主要用于输出“把社会主义核心价值观践行到生活、工作、学习的方方面面！”。

【解题思路】

1．自定义类的名称为 Thought，继承 ABC 类，可以创建抽象类。

2．在类中的抽象方法前需要加上关键词@ abstractmethod，方法内部不必实现。

3．先按照要求将类的基本框架写好，再利用另一个类 Socialism 进行方法

的实现。

程序参考代码如下。

```
#导入抽象模块
from abc import ABCMeta,abstractmethod,ABC

#自定义抽象方法，表示 Thought 类，继承 ABC 类，从而实现类的抽象，在抽象类中无须具体实现方法
class Thought(ABC):
    #自定义抽象方法，表示“学习”
    @abstractmethod
    def study(self):
        pass

    #自定义抽象方法，表示“实践”
    @abstractmethod
    def practice(self):
        pass

#自定义抽象类，表示“社会主义”，在方法内部实现抽象方法的具体功能
class Socialism(Thought):
    #初始化方法
    def __init__(self):
        print("伟大的社会主义万岁！")

    #study()方法的具体实现
    def study(self):
        print("我们要努力学习社会主义核心价值观！")

    #practice()方法的具体实现
    def practice(self):
        print("把社会主义核心价值观践行到生活、工作、学习的方方面面！")
```

对 Socialism 类进行实例化，分别调用 study()方法和 practice()方法，代码如下。

```
#实例化对象
mysocialism=Socialism()
#调用 study 方法
mysocialism.study()
#调用 practice 方法
mysocialism.practice()
```

程序运行结果如下。

```
伟大的社会主义万岁!
我们要努力学习社会主义核心价值观!
把社会主义核心价值观践行到生活、工作、学习的方方面面!
```

> 注意：子类在继承抽象类后必须实现抽象类中的抽象方法，否则会报错。

尝试在子类中删除 practice()方法，同时把该方法的调用部分也注释或删除掉，再次运行程序，观察一下，会发现以下报错结果。

```
TypeError: Can't instantiate abstract class Socialism with abstract method practice
```

> 说明：报错提示说明了报错原因是没有实现抽象方法 practice()。

7.4 实战 1 打敌人游戏

自定义序列

任务要求

开发一款关于玩家生存的小游戏，要求使用的游戏对象有共同的基类。基类的功能如下。

1. 初始化坐标、血量、攻击力。
2. 移动坐标位置。
3. 攻击对方。

玩家作为生存者，功能如下。

1. 继承基类功能。
2. 初始化玩家，位置坐标：x=6，y=6；血量：100 点；攻击力：20 点；子弹数量：15 颗。
3. 补血，每次补血量为 30。
4. 射击，在有子弹的情况下可以向敌人射击。

敌人是玩家的对手，只要在攻击范围内，会自动攻击玩家，功能如下。

1. 继承基类功能。
2. 初始化一个敌人，位置坐标：x 和 y 都在[1,10]；血量：[30,60]；攻击力：[1,5]；攻击范围：[5,10]。
3. 随机初始化攻击范围。
4. 侦测玩家是否在攻击范围内。
5. 攻击玩家。

任务准备

完成该任务至少要准备三个类，基类为 Baserole，玩家类为 Player，敌人类为 Enemy（可以初始化一个敌人）。基类 Baserole 是角色共有的功能，有如下属性：坐标轴 x 和 y、血量 blood、攻击力 aggressivity。

基类的方法应具有移动和攻击功能，分别通过 move()方法和 attack()方法实现。

玩家类需要继承基类且可以传入坐标轴、血量、攻击力及玩家自己的子弹等属性，共有的属性需要利用好继承的基类的属性，代码如下。

```
class Player(Baserole):
    def __init__(self,x,y,blood,aggressivity):
        #通过基类方法初始化
        super().__init__(x,y,blood,aggressivity)
```

此外，玩家还应该具有自定义射击方法 shoot()及补血方法 addBlood()。

敌人类与玩家类相似，不同的是敌人类有自己的攻击范围属性，以及侦测是否在攻击范围内的方法。敌人基类的代码如下。

```
class Enemy(Baserole):
    def __init__(self,x,y,blood,attackRange):
        #通过调用基类初始化参数
        super().__init__(x,y,blood,random.randint(1,5))
        #初始化坐标、血量、随机攻击力
        self.attackRange=attackRange                    #初始化攻击范围
```

在游戏进行的过程中需要玩家进行交互，只要游戏在进行，就需要进行交互行为，而交互行为在一个游戏循环中进行一次即可，代码如下。

```
#游戏循环
    while myplayer.blood>0:
        #只要玩家的血量还在，游戏则可以继续
        doaction=input("请玩家进行选择：1 攻击，2 移动，3 补血，4 射击，输入数字：")
        if doaction=='1': #攻击
            pass
        #其他行为
```

任务分析

1．编写游戏主程序入口，规划好游戏基础框架。

2．创建基类 Baserole，规划好坐标、血量、攻击力及移动等属性的方法。

3．无论是玩家类还是敌人类，都要继承基类才能发挥类的继承特性。

4．玩家类的特色属性是子弹数量 bulletNum 属性，特色方法是 shoot()和 addBlood()，可以实现射击和补血功能。

5．敌人类的特色属性是攻击范围 attackRange 属性，特色方法是 testRange()，可以侦测攻击范围。

6．在开始游戏前要初始化敌人对象和玩家对象用于游戏任务。

7．游戏循环中每经历一轮相互攻击，就判断一次游戏进度，是否退出游戏循环要以玩家血量作为判断标准。

8．判断游戏输赢，玩家血量没了，代表玩家阵亡，游戏结束；敌人血量没了，代表玩家胜利，游戏结束。

任务实施

程序源代码如下。

```
#导入随机数
import random

#基类，角色的基础功能
class Baserole:
    #初始化方法
    def __init__(self,x,y,blood,aggressivity):
        self.x=x  #x 轴坐标
        self.y=y  #y 轴坐标
        self.blood=blood  #血量
        self.aggressivity=aggressivity   #攻击力

    #移动方法，x 和 y 可以为负值
    def move(self,x,y):
        self.x+=x
        self.y+=y
        print(f'角色移动后的位置：x={self.x},y={self.y}')

    #攻击方法,普通攻击
    def attack(self,role):
        role.blood-=self.aggressivity  #血量下降，每次下降的量为攻击力的量

#玩家类，继承基础角色
class Player(Baserole):
    def __init__(self,x,y,blood,aggressivity):
        #通过基类方法初始化
```

```
        super().__init__(x,y,blood,aggressivity)
        #玩家的子弹数初始化
        self.bulletNum=15
        print(f'初始化玩家，位置坐标：x={self.x},y={self.y}；血量：{self.blood}点；攻击力：{self.aggressivity}点；子弹数量：{self.bulletNum}颗。')

    #玩家的射击方法，传入要射击的敌人
    def shoot(self,enemy):
        #判断是否还有子弹
        if self.bulletNum>0:
            #射击一次子弹数-1
            self.bulletNum-=1
            #射击子弹攻击力加倍
            enemy.blood-=self.aggressivity*2
            print(f'玩家射击后，攻击力变为原来的 2 倍，当前敌人血量剩余：{enemy.blood}。玩家剩余子弹数：{self.bulletNum}颗。')
        else:
            print('玩家的子弹已经用完！')

    #玩家补血功能
    def addBlood(self):
        self.blood+=30 #每次补血加 30 点
        print(f'玩家使用了补血技能，血量增加 30 点，目前血量为：{self.blood}')

#敌人类，用于初始化敌人对象
class Enemy(Baserole):
    def __init__(self,x,y,blood,attackRange):
        #通过调用基类初始化参数
        super().__init__(x,y,blood,random.randint(1,5)) #初始化坐标、血量、随机攻击力
        self.attackRange=attackRange  #初始化攻击范围
        print(f'初始化一个敌人，位置坐标：x={self.x},y={self.y}；血量：{self.blood}点；攻击力：{self.aggressivity}点；攻击范围：{self.attackRange}。')

    #侦测是否在攻击范围内
    def testRange(self,player):
        #检测 x 轴和 y 轴是否都在攻击范围内，在的才能攻击
        if abs(self.x-player.x)>self.attackRange and abs(self.y-player.y)>self.attackRange:
            #攻击
            print('发现玩家在攻击范围内，开始攻击！')
            self.attack(player)
```

```
    #开始攻击的方法
    def attack(self,player):
        player.blood -= self.aggressivity
        print(f'攻击玩家血量{self.aggressivity}点，目前玩家剩余血量：{player.blood}
点')

#程序主方法
def main():
    #初始化玩家对象
    myplayer=Player(x=6,y=6,blood=100,aggressivity=20)
    #初始化敌人对象
    enemy=Enemy(x=random.randint(1,10),y=random.randint(1,10),blood=
random.randint(30,60),attackRange=random.randint(5,10))

    #游戏循环
    while myplayer.blood>0:
        #只要玩家血量还在，游戏就可以继续
        doaction=input("请玩家进行选择：1 攻击，2 移动，3 补血 4 射击，输入数字：")
        if doaction=='1':  #攻击
            myplayer.attack(enemy)
        elif doaction=='2':  #移动一格
            print('玩家进行移动!',end='')
            myplayer.move(x=random.randint(-1,1),y=random.randint(-1,1))
        elif doaction=='3':
            print('玩家准备补血!',end='')
            myplayer.addBlood()
        elif doaction=='4':
            print('玩家准备射击！',end='')
            myplayer.shoot(enemy)

        #敌人进行随机行为
        print('敌人随机移动！',end='')
        enemy.move(x=random.randint(-1,1),y=random.randint(-1,1))#随机移动
        enemy.testRange(player=myplayer) #检测是否在攻击范围内，如果在则自动攻击

        #判断游戏进度和输赢
        if myplayer.blood<0:
            print('玩家阵亡!请再接再厉！游戏结束！')
            break
        elif enemy.blood<0:
            print('敌人被打败！玩家胜利！游戏结束！')
            break
```

```
#程序入口
if __name__=='__main__':
    main()
```

试玩游戏后的一种情况如下。

```
初始化玩家，位置坐标：x=6,y=6；血量：100 点；攻击力：20 点；子弹数量：15 颗。
初始化一个敌人，位置坐标：x=1,y=4；血量：38 点；攻击力：5 点；攻击范围：6。
请玩家进行选择：1 攻击，2 移动，3 补血，4 射击，输入数字：1
敌人随机移动！角色移动后的位置：x=0,y=3
请玩家进行选择：1 攻击，2 移动，3 补血，4 射击，输入数字：2
玩家进行移动！角色移动后的位置：x=5,y=5
敌人随机移动！角色移动后的位置：x=0,y=2
请玩家进行选择：1 攻击，2 移动，3 补血，4 射击，输入数字：3
玩家准备补血！玩家使用了补血技能，血量增加 30 点，目前血量为：130
敌人随机移动！角色移动后的位置：x=1,y=3
请玩家进行选择：1 攻击，2 移动，3 补血，4 射击，输入数字：4
玩家准备射击！玩家射击后，攻击力变为原来的 2 倍，当前敌人血量剩余：-22。玩家剩余子弹数：14 颗。
敌人随机移动！角色移动后的位置：x=2,y=4
敌人被打败！玩家胜利！游戏结束！
```

7.5 实战 2 家庭安全“防盗”

防盗功能

人体红外

任务要求

使用硬件平台模拟家庭安防系统，通过人体红外传感器与蜂鸣器模拟家庭安全布防，要求实现以下功能。

1. 通过人体红外传感器判断是否有人。
2. 控制实现蜂鸣器的开关。
3. 控制设备之间的联动，判断是否有人闯入。

任务准备

在串口的初始化通信正常后，利用人体红外传感器、蜂鸣器、LCD 显示屏的基础功能，控制设备之间的联动。利用数据判断不同情况下设备联动的思路是，根据人体红外传感器返回的数据，00 表示有人，发送相关的命令给其他设备，否则就是没有人。

有人时：LCD 显示有人的信息，同时打开蜂鸣器。

没有人时：LCD 显示“我的家”，同时关闭蜂鸣器。

```
while True:
    #如何获取人体红外数据
    sleep(0.5)
    myserial.hardwareSend(HardwareType.infrared,HardwareCommand.get,"")
    if(myserial.infraredData=="01"):
        sleep(0.5)
        myserial.hardwareSend(HardwareType.buzzer, HardwareCommand.control,
HardwareOperate.BUZZERON)
        sleep(0.5)
        myserial.hardwareSend(HardwareType.lcd, HardwareCommand.control,"报告
主人：有人闯入！")
    else:
        sleep(0.5)
        myserial.hardwareSend(HardwareType.buzzer, HardwareCommand.control,
HardwareOperate.BUZZEROFF)
        sleep(0.5)
        myserial.hardwareSend(HardwareType.lcd, HardwareCommand.control, "我
的家")
```

注意： 发送多个指令，中间注意休眠，避免主板对指令识别错误。

任务分析

1．能正确理解基础的硬件串口初始化、人体红外数据的调用、LCD 使用及蜂鸣器开关控制。

2．在开发类前需要导入基础的硬件功能模块及硬件中需要的指令时间间隔模块。

3．开发一个 Home 类，在初始化类的构造方法时可以传入当前串口号，方便后续调用。

4．将家庭布防功能单独封装到 startSecurity()方法中，调用该方法即可实现布防功能。

5．在使用类的功能前，需要先初始化类的对象，再调用相关方法。

任务实施

```
#导入硬件模块
from JtPythonBCPToHardware import  *
from time import sleep
#家庭类
class Home:
```

```
    def __init__(self,comNum):
        #初始化串口
        #连接串口
        self.myserial = SerialTool(comNum)
    #启动家庭布防
    def startSecurity(self):
        while True:
            #如何获取人体红外数据
            sleep(0.5)
            self.myserial.hardwareSend(HardwareType.infrared,
HardwareCommand.get, "")
            if self. myserial.infraredData == "01":  #此处有人，正常情况下01表示有人。视频中，手指按在人体红外设备上，返回得到的00是设备的非正常工作状态。平时测试时一般都是01，如果要测试出00，则不能让设备对着人，且要远离。
                sleep(0.5)
                self.myserial.hardwareSend(HardwareType.buzzer,
HardwareCommand.control, HardwareOperate.BUZZERON)
                sleep(0.5)
                self.myserial.hardwareSend(HardwareType.lcd,
HardwareCommand.control, "报告主人：有人闯入！")
            else:  #用00表示有人
                sleep(0.5)
                self.myserial.hardwareSend(HardwareType.buzzer,
HardwareCommand.control, HardwareOperate.BUZZEROFF)
                sleep(0.5)
                self.myserial.hardwareSend(HardwareType.lcd,
HardwareCommand.control, "我的家")


#初始化对象
myhome=Home("COM3")
#启动布防
myhome.startSecurity()
```

本章小结

通过对本章的学习，可以让读者进一步理解面向对象的基础编程，对类的特性有更深入的理解，尤其是类的多种创建方式、属性的不同使用方法、类的继承、多态开发及抽象类的使用。通过最后两个实战案例，读者可以进一步练习类的使用，同时掌握硬件的基础开发知识。

第8章 进程与线程的应用

学习目标

■ 理解进程与线程的基本概念
■ 掌握创建与管理多个进程的方法，了解进程间通信的方式
■ 掌握创建与管理多个线程的方法，了解线程间通信的方式

学习重点和难点

■ 进程的创建与使用
■ 线程的创建与使用
■ 线程锁的概念与使用

思维导图

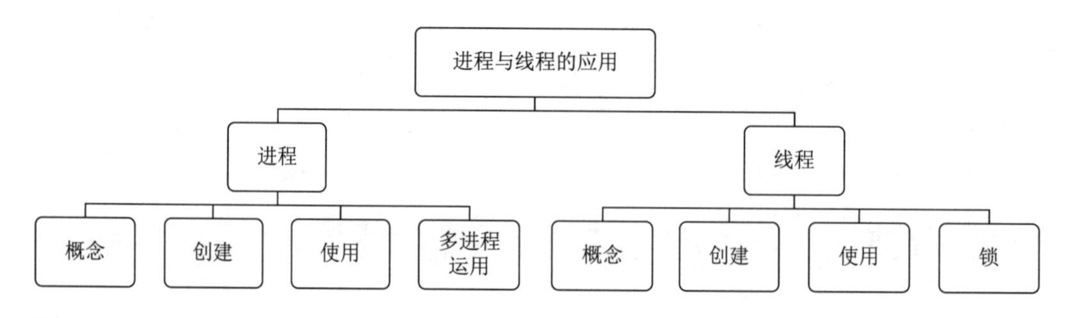

本章导论

操作系统规定一个程序的运行必须产生一个进程，从而能够调度各个程序并合理分配系统资源。一个进程至少包含一个线程。本章将从Python编程的角度着重讲解进程和线程及两者之间的关系。

8.1　初步认识

进程和线程都涉及操作系统的基础知识，为了更好地理解后续章节中的进程与线程管理，本节先对操作系统、进程、线程以及三者之间的关系进行介绍。三者之间的关系如图 8-1 所示。

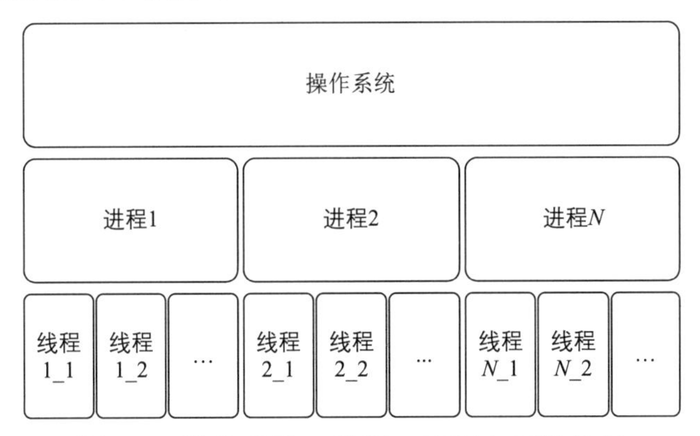

图 8-1　操作系统、进程、线程之间的关系

从图 8-1 可知，一个操作系统包含多个进程，每个进程又包含多个线程。

1．操作系统

操作系统是一个掌管着软件资源和硬件资源的系统软件。对硬件而言，操作系统主要控制内存、CPU、存储器及其他外设硬件资源；对软件而言，操作系统是应用程序运行的平台，每个应用程序都至少包含一个进程，多数应用程序一般只需一个进程就可以完成所有任务。

操作系统主要负责存储管理、进程管理、设备管理、文件管理、作业管理任务，以及系统安全、网络通信、用户界面等方面，是一个软硬件的综合管控平台。

2．应用程序与进程

应用程序是为完成某个或某些任务或功能而编写的软件程序。一个应用程序至少包含一个进程，而进程是用来处理这个应用程序的输入输出、计算、资源分配等功能的实例。在一般情况下，一个应用程序对应一个进程实例。形象地说，应用程序是没有生命的，而应用程序在运行起来并生成一个进程后才变得有生命，是进程实现了应用程序的价值。进程具有动态性、并发性、独立性、异步性、结构性等基本特征。

3．进程与线程

在面向线程设计的计算机结构中，进程是线程的容器。一个进程包含多个线程，进程中的第一个线程称为主线程，其他线程都是由主线程创建的。一般每个线程都有一个独立的任务需要完成，一个线程任务在完成后会自动释放在进程中占用的资源，从而合理利用计算机资源。同一个进程创建的线程可以共享该进程中的所有计算机资源。

线程的诞生是为了解决进程切换开销太大等问题，以及提高某些程序的运行效率。线程作为操作系统进行运算调度的最小单位，主要分为用户线程与系统内核核心线程，具有以下特点。

（1）轻量级。

线程的创建和运行都是在进程内部发生的，只需占用较少的系统资源就可以独立完成一个任务。

（2）共享进程资源。

若某个进程中已经打开了某个文件或存储了某些数据资源，那么该进程内的所有线程都可以调用这些资源，从而避免资源被重复占用。

（3）切换速度快。

由于线程是操作系统调度的基本单位，且线程的切换都是在同一个进程中进行的，因此相互切换运行的速度更快。

（4）通信更简单。

由于各线程在同一个进程中的地址空间是明确的，可以进行数据共享，因此各个线程之间的数据传递机制也更简单高效。

（5）并发运行。

用户可以根据程序实际运行的需要，设置不同的线程同时运行程序的不同代码段，从而充分利用 CPU 资源。

8.2 进程开发

当程序的计算密度或者 IO 密度很高时，程序需要充分发挥多核 CPU 的性能，此时可以对一些特定任务创建指定的进程。在 Python 编程中，进程的创建首先需要导入标准库中 multiprocessing 模块中的 Process 类，然后利用 os 模块的 getpid()方法获取创建的进程编号。

导入 Process 类，代码如下。

```
from multiprocessing import Process
```

接下来利用 Process 类来创建进程。

1. 创建进程

进程的创建一般有两种方式，本质上都是基于 Process 类的应用。

（1）方式一：自定义函数创建进程。

代码格式如下。

```
#导入 Process 类
def 自定义函数名(若干参数):
    pass
if __name__=='__main__':
    某进程=Process(target=自定义函数名,args=(若干参数))
```

例如，创建一个进程，关联自定义方法 ljyProcess()，需要传入参数 name，在方法内部输出收到的参数值和进程的 PID 值，并在子进程中输出一句名言，代码如下。

```
#导入进程模块
from multiprocessing import Process
import os #导入 os 模块，可以获取进程 PID 编号
#自定义函数，用于处理某个进程的任务
def ljyProcess(name):
    print("收到参数：%s,子进程 PID 编号：%s"%(name,os.getpid()))
    print("实践是检验真理的唯一标准！")
#只有主程序才能创建进程
if __name__=='__main__':
    #利用实例化 Process 类创建进程，进程的任务为向 ljyProcess()方法中传入参数 ljybc
    mypro=Process(target=ljyProcess,args=("ljybc",))
    #调用 start()方法，启动进程
    mypro.start()
```

程序运行结果如下，子进程的 PID 编号是系统分配的。

```
收到参数：ljybc,子进程 PID 编号：15808
实践是检验真理的唯一标准!
```

（2）方式二：用自定义类的方式创建进程。

用自定义类创建的进程的封装性更好，代码也更容易维护，只需要基类 Process 即可。需要注意的是，在初始化方法中还要增加父类的初始化。代码格式如下。

```
#导入进程模块
class 自定义类(Process):
    def __init__(self,若干参数):
        super().__init__()  #初始化进程类
        #类的参数初始化
```

```
    #进程内部执行方法
    def run(self):
        pass
```

例如，创建一个自定义类 MyProcess，初始化类时可以传入字符串，在创建子进程后，可以输出传入的参数和子进程的 PID 编号，代码如下。

```
#导入进程模块
from multiprocessing import Process
import os #导入 os 模块，可以获取进程的 PID 编号
#自定义类，用于处理某个进程的任务
class MyProcess(Process):
    #初始化类
    def __init__(self,mystr):
        super().__init__()
        self.mystr=mystr
    #进程执行方法
    def run(self):
        print("收到参数：%s  ,子进程 PID 编号：%s"%(self.mystr,os.getpid()))
#只有主程序才能创建进程
if __name__=='__main__':
    #利用实例化 Process 类创建进程，进程的任务为向 MyProcess()方法中传入参数 ljybc
    mypro=MyProcess("写代码需要每日练习才能快速进步！")
    #调用 start()方法，启动进程
    mypro.start()
```

程序运行结果如下。

```
收到参数：写代码需要每日练习才能快速进步！  ,子进程 PID 编号：4384
```

注意： 进程创建的主程序需要加上主程序判断语句 if __name__=='__main__' 来判断是否执行主程序代码，否则程序可能会报错，因为一些操作系统在执行进程创建代码时还要重新执行一次主程序代码，如果不加主程序判断语句，则可能产生递归死循环。

2. 创建多进程

多进程是指在一个程序中同时创建并运行多个子进程的技术。多进程的创建方法和单进程的创建方法相似，只是将创建的单个进程保存到一个列表中，从而进一步遍历管理之前创建的每个进程。

创建多进程的一般步骤如下。

第一步，初始化一个进程列表。

第二步，循环创建子进程，加入到进程列表中。

第三步，通过进程列表遍历每个子进程。

3. 进程间通信

当一个程序创建多个子进程时，由于任务的需要，不同子进程之间可能需要传递一些数据以便进一步执行任务。进程间的通信主要有三种方法：pipe 管道法、queue 队列法及共享内存法。

（1）用管道法通信。

管道可以想象成现实世界的一根水管，如果从水管的一端喊一句“我爱 Python 编程”，那么在水管的另一端将能听到这句话。计算机中的管道表现为一个特殊的文件，只有向该文件中写入数据，才能从中获取数据。

在 Python 编程中，multiprocessing 模块的 Pipe()方法支持管道通信编程。

通信过程分为三个步骤。

第一步：建立管道。

第二步：向管道的一端写入数据。

第三步：在管道的另一端接收数据。

（2）用队列法通信。

队列是一种先进先出的数据结构。多个进程之间的通信使用队列的方式进行，可以有效避免多进程通信中多个进程或线程对同一项资源同时访问而导致冲突和数据不一致的问题。

队列法通信分为四个步骤。

第一步：创建队列。

第二步：向队列中写入数据。

第三步：从队列中读取数据。

第四步：设置退出队列读取的机制。

Python 编程的内置模块 multiprocessing 提供了 Queue()方法，可以实现队列的跨进程通信。

（3）用共享内存法通信。

共享内存法通过对物理内存中同一个地址的访问来实现多个进程间通信的效果。Python 编程的 multiprocessing 模块提供了 Value 类和 Array 类，分别实现单值通信和多值通信，并且这两个类都内置锁机制，可以确保多进程通信时数据读写的原子性。由于共享内存法是直接对内存地址的访问，因此通信效率高，适合大量数据通信的使用场景。

共享内存法的实施分为三个步骤。

第一步：定义共享内存通信的类。

第二步：向子进程中传入定义的共享类。

第三步：直接在不同进程中修改共享类的值。

4. 进程池

为了提高程序的并发性和效率，可以采用进程池的方式对进程进行管理，进程池是一种常见的并发编程模型。在编程中应根据实际业务情况合理配置进程池的大小，过大的进程池会导致系统资源的浪费，过小的进程池无法有效发挥进程的并发能力。在 Python 编程中，multiprocessing 模块中的 Pool()方法为进程池的开发提供了便利，在创建时还可以利用 map()方法，将数据依次传入进程池管理的函数中，以进一步实现相关功能。

进程池的实现步骤如下。

第一步，自定义函数。

第二步，创建进程池，关联函数，传入要处理的数值。

第三步，在运行进程池后销毁进程。

创建一个进程池，指定最大进程数为 3 个，将列表中的每个数变为原来的 2 倍，示例代码如下。

```
#导入进程池
from multiprocessing import Pool
#子进程方法，用于实现将数乘以 2
def process1(num):
    return num*2 #返回数的 2 倍

#主程序入口
if __name__=='__main__':
    numlist=[1,2,3,4]
    print('原数值为：',numlist)
    #创建进程池
    with Pool(processes=3) as mypool:
        result=mypool.map(process1,numlist)
    print('2 倍后的结果：',result)
```

说明： 当进程池用完时最好关闭并释放，这样可以节省系统资源。由于在示例中创建进程池时使用了 with 语句，所以在进程池运行完成后会自动销毁。如果没有使用 with 语句创建进程池，则需要手动调用 close()和 join()方法关闭进程池。

编程练习

例 8-2-1：要求使用类创建子进程，在主进程中用一个循环创建多个子进程，每次循环都向子进程中传入一句正能量名言，待所有进程全部结束后，在主进程中输出所有进程全部结束的提示。

【解题思路】

1．导入进程模块，自定义类，继承进程类。

2．在主程序页面中创建进程类时要先编写判断主程序入口的 if 语句。

3．使用 for 语句遍历名言列表，创建名言并将其加入到进程类中处理。

4．通过自定义类创建的子进程需要调用 start()方法来启动内部的 run()方法。

5．为了更好地显示子进程的运行结果，使用 join()方法等待子进程运行结束。

程序参考代码如下。

```
#导入进程模块
from multiprocessing import Process
import os #导入 os 模块，可以获取进程的 PID 编号
#自定义类，用于处理某个进程的任务
class MyProcess(Process):
    #初始化类
    def __init__(self,mystr):
        super().__init__()
        self.mystr=mystr
    #在进程中执行方法
    def run(self):
        print("收到参数：%s  ,子进程的 PID 编号：%s"%(self.mystr,os.getpid()))
#只有主程序才能创建进程
if __name__=='__main__':
    #名言列表
    ripItupList=['成功是一架梯子，双手插在口袋里的人是爬不上去的。',
                 '能抓住机遇也是一种能力，它会帮助我们实现成功的飞跃，最终完成自己的
梦想。',
                 '老有所为健康长寿，老有所乐延年益寿。'
                 ]
    #进程列表
    myprcssList=[]
    print('开始创建进程！')
    for ripitup in ripItupList:
```

```
        #利用实例化 Process 类创建进程，进程的任务为向 MyProcess()方法中传入参数 ljybc
        mypro=MyProcess(ripitup)
        myprcssList.append(mypro)
    print('开始启动进程！')
    #批量启动进程列表中的每个进程
    for prcss in myprcssList:
        #执行 start()方法，启动进程
        prcss.start()
    #等待进程结束
    for prcss in myprcssList:
        prcss.join()
    print("所有进程全部结束！")
```

说明：该例中使用进程对象的 join()方法表示等待进程的执行，意味着被等待的进程中如果有没执行完或者等待超时的，则当前进程会被阻塞。利用 join()方法可以很好地控制进程执行的顺序。

程序运行结果如下。

```
开始创建进程!
开始启动进程!
收到参数：成功是一架梯子，双手插在口袋里的人是爬不上去的。  ,子进程的 PID 编号：9384
收到参数：老有所为健康长寿，老有所乐延年益寿。  ,子进程的 PID 编号：18988
收到参数：能抓住机遇也是一种能力，它会帮助我们实现成功的飞跃，最终完成自己的梦想。  ,子进程 PID 编号：13200
所有进程全部结束!
```

例 8-2-2：编写一个程序，创建两个进程，第一个进程向管道发送信息“我爱 Python 编程”，第二个进程从管道进行接收，如果接收到的信息中含有“编程”两个字，那么输出“人生苦短，我用 Python”。

【解题思路】

1．导入进程类 Process 及管道类 Pipe。

2．通过两个方法自定义两个进程，分别传入管道的两端。

3．在管道的一端进行消息发送，使用 send()方法传送文本。

4．在管道的另一端接收消息，使用 recv()方法将接收到的字符串保存到变量中并输出。

5．通过进程类创建的两个进程，利用 join()方法等待进程运行，方便观察数据传递。

程序参考代码如下。

```
#导入进程类和管道类
```

```
from multiprocessing import Process,Pipe
#第一个进程，向管道一端 conn1 传入数据
def process1(conn1):
    msg="我爱 Python 编程"
    print(f'进程 1 发送信息：{msg}')
    conn1.send(msg)

#第二个进程，从管道另一端 conn2 接收数据
def process2(conn2):
    msg=conn2.recv()
    print(f'进程 2 收到信息：{msg}')
    if msg.find('编程')!=-1:  #如果 msg 字符串中含有“编程”两个字，则返回结果不等于-1
        print('人生苦短，我用 Python')

#主程序入口
if __name__=='__main__':
    #创建双向管道
    conn1,conn2=Pipe(duplex=True)
    #创建第一个进程，传入管道一端
    myprcss1=Process(target=process1,args=(conn1,))
    #创建第二个进程，传入管道另一端
    myprcss2=Process(target=process2,args=(conn2,))

    #启动两个进程
    myprcss1.start()
    myprcss2.start()
    #等待两个进程完成
    myprcss1.join()
    myprcss2.join()
```

程序运行结果如下。

```
进程 1 发送信息：我爱 Python 编程
进程 2 收到信息：我爱 Python 编程
人生苦短，我用 Python
```

思维训练

例 8-2-3：编写一个程序，用于在主进程中向子进程通信，在主进程中分两次传入数据“好好学习”和“天天向上”，同时在子进程中利用队列消息中的 None 数据判断结束并输出。

【解题思路】

1．导入进程类 Process 及队列类 Queue。

2．在主进程中创建队列对象并传入到子进程中。

3．自定义子进程方法，关联子进程，启动进程。

4．在子进程方法中利用死循环从队列对象中接收消息，利用 if 语句判断消息文本的值是否为 None。

5．在主进程中利用队列对象的 put()方法，分批次传入多个文本，最后传入 None 数据，以便子进程正常退出。

程序参考代码如下。

```
#导入进程类和队列方法
from multiprocessing import Process,Queue
#子进程一直不停地接收队列中的数据，直到收到 None 数据才跳出循环
def process1(q):
    while True:
        msg=q.get() #从队列接收数据
        if msg is not None:
            print(msg)
        else:
            break
#主程序入口
if __name__=='__main__':
    #创建队列
    q=Queue()
    #创建一个子进程，传入共享队列
    myprcss1=Process(target=process1,args=(q,))
    #启动进程
    myprcss1.start()
    #开始向子进程中传入数据
    q.put("好好学习")  #第一次传入数据
    q.put("天天向上")  #第二次传入数据
    #传入 None 数据，让子进程停止接收
    q.put(None)
```

程序运行结果如下。

```
好好学习
天天向上
```

例 8-2-4：自定义第一个方法 process1，实现多进程共享内存单值通信，以及 3 个进程都对值加 1 的操作，输出最终值。创建第二个方法 process2，实现

多进程共享内存多值通信，以及三个进程对原列表中每个元素的减 1 操作，输出最终值。

【解题思路】

1．导入进程类 Process、共享内存类 Value、数组类 Array。

2．自定义进程方法 process1，将共享内存值加 1。

3．自定义进程方法 process2，用于多值通信，将数组中的每个元素减 1。

4．自定义程序主入口，利用 Value 类初始化共享内存值为 0。

5．利用 for 循环创建三个进程，都用 process1 方法处理，使得共享内存值递增。

6．利用 Array 类创建多值列表变量，传入 process2 方法处理，使得每个值都减 1。

程序参考代码如下。

```
#导入进程类、共享内存类、数组类
from multiprocessing import Process,Value,Array
#process1 用于单值通信，实现点赞次数+1
def process1(shareVal):
    with shareVal.get_lock():    #获取锁，确保改变值时只有当前进程可以操作
        shareVal.value+=1
#process2 用于多值通信，实现每个元素-1
def process2(shareArr):
    for i in range(len(shareArr)):
        shareArr[i]=shareArr[i]-1    #实现传入的每个元素-1
#主程序入口
if __name__=='__main__':
    #创建共享单值的类，
    shareVal=Value('i',0)    #i 表示 int 类型的变量，默认值为 0
    #创建三个子进程，传入共享队列
    myprcss1List=[Process(target=process1,args=(shareVal,)) for i in range(3)]
    #启动进程
    for mp in myprcss1List:
        mp.start()
        mp.join()
    print('单值情况，子进程运行后，共享内存单值的最终值为：',shareVal.value)

    #创建共享多值通信的类
    shareArr=Array('i',[10,20,30])
    #创建三个子进程，传入共享队列
    myprcss2List = [Process(target=process2, args=(shareArr,)) for i in range(3)]
```

```
    #启动进程
    for mp2 in myprcss2List:
        mp2.start()
        mp2.join()
    print('多值情况，子进程运行后，共享内存多值的最终值为：', shareArr[:])
```

> 注意：在 process1 方法中调用 get_lock()方法获取进程锁，当程序操作同一个变量时一般都要加锁操作，以确保修改当前值的进程是唯一的，从而确保操作的原子性。

程序运行结果如下。

```
单值情况，子进程运行后，共享内存单值的最终值为： 3
多值情况，子进程运行后，共享内存多值的最终值为： [7, 17, 27]
```

8.3 线程开发

当程序中有大量 I/O 密集型操作、共享进程资源或响应式用户界面等任务时，往往使用多线程开发模式。掌握线程开发可以提高程序的运行效率和并发性，以及降低系统负载等，从而满足现代程序开发的需求，提升开发者的竞争力。

在 Python 编程中，其标准库提供了两个模块，分别是_thread 和 threading。_thread 是低级别模块，是 Python 中最原始的线程支持模块。在使用该模块开发线程时，需要手动管理线程的生命周期，开发起来更为复杂且容易引发线程安全问题。threading 是高级别模块，它实现了对_thread 模块的封装。在绝大多数情况下，开发线程只需要使用 threading 这个高级模块即可，它可以更好地管理线程，避免潜在的线程安全问题。

1. 创建线程

线程的创建一般有三种方法，分别是继承线程父类创建法、函数式编程创建法、类的 Callable 对象创建法，在编程时可以根据不同情况选择线程的创建方法。

（1）继承线程父类创建法。

该方法自定义的线程类本质上是基础 threading.Thread，代码格式如下。

```
import threading
class 自定义线程类名称(threading.Thread):
    def __init__(self,若干参数):
        super().__init__()  #初始化线程
```

```
        初始化参数
    #启动线程时执行的方法
    def run(self):
        pass
```

现在定义一个学习线程类，在创建新线程时传入线程编号，在启动线程时输出线程编号，示例代码如下。

```
#用继承类的方法创建线程
import threading  #导入创建线程的模块
#自定义线程类，表示学习线程
class StudyThread(threading.Thread):
    #初始化类，传入的 thrdId 表示线程编号
    def __init__(self,thrdId):
        super().__init__()
        self.thrdId=thrdId  #初始化线程编号

    #线程启动时执行的方法
    def run(self):
        print(f'学习线程启动，编号为{self.thrdId}')
```

使用类的方法自定义线程的好处是在创建新线程时会比较方法，并且线程内部的方法和参数更易于维护。想要创建新的线程，只需要先实例化类，然后调用线程的 start()方法启动即可。现在创建两个新的学习线程，并将线程启动，示例代码如下。

```
#创建新线程
studyThrd1=StudyThread("1")  #创建学习线程 1
studyThrd2=StudyThread("2")  #创建学习线程 2

#启动线程
studyThrd1.start() #启动学习线程 1
studyThrd2.start() #启动学习线程 2
```

代码运行结果如下。

```
学习线程启动，编号为 1
学习线程启动，编号为 2
```

说明：线程在创建后不会自动销毁，而是继续留存在 Python 解释器的进程中，直到进程结束。如果想要手动销毁线程，则可以使用线程的 join()方法，等待线程完成后自动销毁，或者使用线程的_delete()方法来强制销毁线程。

（2）函数式编程创建法。

线程的创建方法和进程的创建方法类似，只是使用的类不同。同样地，创建线程也可以直接与函数关联。

函数式创建线程的代码格式如下。

```
import threading
def 自定义函数名称():
    pass

线程 1=theading.Thread(target=自定义函数名称)
线程 1.start()          #启动线程
线程 1.join()           #等待线程结束后销毁
```

创建一个线程，在子线程内输出“爱劳动，讲卫生”，示例代码如下。

```
import threading  #导入创建线程的模块
#自定义线程函数
def printHealth():
    print("爱劳动，讲卫生")

#创建子线程
mythread=threading.Thread(target=printHealth)
#启动线程
mythread.start()
#等待线程结束后销毁
mythread.join()
```

代码运行结果如下。

```
爱劳动，讲卫生
```

（3）类的 Callable 对象创建法。

使用类的好处是可以传入自定义参数，同时使代码较为整洁。所谓类的 Callable 对象创建法就是创建一个带有__call__()方法的类，这样能够使类创建的对象被直接当作方法来使用。该方法创建线程的代码格式如下。

```
import threading
class 自定义类名称:
    def __init__(self,若干参数):
        pass
    def __call__(self):
        pass

线程 1=threading.Thread(target=自定义类名称())
```

```
线程 1.start()          #启动线程
线程 1.join()           #线程完成后销毁
```

例如，在实例化自定义类时传入字符串参数，并在__call__()方法中输出参数的值。

```
import threading  #导入创建线程的模块
#自定义含有__call__魔法方法的类
class MyClass:
    #初始化类
    def __init__(self,msgstr):
        self.msgstr=msgstr

    #_call_方法在线程启动后会被调用
    def __call__(self, *args, **kwargs):
        print(self.msgstr)

#创建子线程，实例化时传入字符串
mythread=threading.Thread(target=MyClass("我爱我的祖国"))
#启动线程
mythread.start()
#等待线程结束后销毁
mythread.join()
```

2．创建多线程

在实际工作中往往需要创建多个线程，这个过程类似于多进程管理。同样地，在使用多线程时也可以利用一个列表将创建的多个线程保存到线程列表中并进行批量处理。

多线程创建的一般步骤如下。

第一步，创建线程列表。

第二步，用循环创建多个线程并将其加入到线程列表中。

第三步，遍历线程列表，批量处理每个线程。

3．线程间通信

当多个线程处理任务时，由于任务之间可能会有数据的关联性，因此需要不同线程之间进行数据通信。Python 编程中处理线程间通信的过程类似多进程间通信，但又有所不同。多线程通信一般也有三种方法，分别是共享数据法、队列法、管道法。无论采用哪种方法，都要注意数据操作的原子性。

（1）共享数据法。

共享数据主要指的是共享同一个进程中的数据，同时需要结合线程锁，以保证线程的安全性。在线程中共享数据不像在进程中共享数据那么麻烦，不需要依赖共享内存类，只需在程序中创建一个变量控制各个线程即可。所有对于共享数据的操作都要保证数据操作的原子性，因此需要加入锁的操作。

（2）队列法。

采用队列法的线程间通信主要是通过 queue 模块的 Queue 类来实现的。在实例化队列对象后，可以利用 put()方法在队列中存入数据，取出数据可以使用 get()方法。这里队列的数据结构和 8.2 节中的是一样的。

例如，现在有两个线程，第一个线程专门向队列中存入数据，第二个线程专门从队列中取出数据，示例代码如下。

```
import threading  #导入创建线程的模块
from queue import Queue #导入队列类
#初始化队列
q=Queue()
#初始化要传入数据的总的字符串
mystr="我爱北京天安门，天安门上太阳升，伟大领袖毛主席，带领我们向前进！"
#第一个线程方法，向队列中存入数据
def myThread1(msgstr):
    #线程中，将字符串msgstr按照逗号分割后分别传入队列
    msgArr=msgstr.split('，')
    for msg in msgArr:
        q.put(msg)
        print('存入数据：'+msg)
    q.put(None)
#第二个线程方法，从队列中取出数据
def myThread2():
    #从队列中不停地取数据，直到取完
    while True:
        msg=q.get()
        if msg is not None and str(msg)!='':
            print('取出数据：'+str(msg))
        else:
            break

#第一个线程，分多个线程存入数据
thread1=threading.Thread(target=myThread1,args=(mystr,))
#第二个线程用来从队列中取出数据
thread2=threading.Thread(target=myThread2)
#启动所有子线程
thread1.start()
```

```
thread2.start()
#等待子线程结束后销毁
thread1.join()
thread2.join()
print('主线程结束')
```

在该示例中，首先，thread1 线程将依次按照逗号分割后的分段传入到队列对象 q 中，直到存入一个 None 数据表示存入完成；然后，通过 thread2 线程不断从队列中取出 thread1 线程中的数据，队列按照先进先出的原则依次存入和取出，直到取出的数据为 None 跳出循环，从而结束线程。

> **注意：** 因为 q.get()方法从队列中取出的数据并不是字符串类型的，所以在拼接字符串时，需要先用 str()函数进行数据类型转换。

（3）管道法。

管道法是利用 multiprocessing 模块中的 Pipe()方法创建管道对象的，与进程的管道通信方法是一样的。

例如，在体育课上有三个同学进行列队报数，报数的同学将报数传入管道一端，下一个同学从管道中取出数据后加 1，继续报数，直到数据报完，示例代码如下。

```
import threading          #导入创建线程的模块
import multiprocessing    #导入管道通信模块
#初始化管道对象
conn1,conn2=multiprocessing.Pipe(duplex=True)   #设置管道为双向通信方式
conn3,conn4=multiprocessing.Pipe(duplex=True)  #再次初始化管道对象
#第一个线程方法，通过管道传入报数数据
def myThread1(conn1,num):
    print(num)
    #向管道中传入数据
    conn1.send(num)

#第二个线程方法，从管道中取出数据
def myThread2(conn2,conn3):
    #取数据
    num=conn2.recv()
    num+=1
    print(num)
    conn3.send(num)

#第三个线程方法，从管道中取出数据，继续报数
```

```
def myThread3(conn4):
    #取数据
    num=conn4.recv()
    num+=1
    print(num)


#第一个线程
thread1=threading.Thread(target=myThread1,args=(conn1,1)) #第一个人报数从 1 开始
#第二个线程
thread2=threading.Thread(target=myThread2,args=(conn2,conn3,))
#第三个线程
thread3=threading.Thread(target=myThread3,args=(conn4,))
print('开始报数')
#启动所有子线程
thread1.start()
thread2.start()
thread3.start()
#等待子线程结束后销毁
thread1.join()
thread2.join()
thread3.join()
print('主线程结束')
```

在该示例中两次实例化了管道方法，共有四个管道对象，conn1 和 conn2 为同一个管道，conn3 和 conn4 为同一个管道。thread1 线程从 1 开始报数，在实例化线程时传入管道对象 conn1 和报数数值 1。thread2 线程从管道对象 conn2 中接收 thead1 线程发出的数据，并将数据加 1 后发送给管道对象 conn3。thread3 线程从管道对象 conn4 中取出数据并报数输出。代码运行结果如下。

```
开始报数
1
2
3
主线程结束
```

4. 线程池技术

在一些 I/O 密集型任务中，通常使用线程池技术来完成线程间的通信。线程池技术可以在很大程度上减少多线程中线程的频繁创建和销毁。Python 3.2 之后的版本的标准库中不再内置线程池实现方式，而需要通过导入 concurrent.futures 模块的 ThreadPoolExecutor 类实现。

线程池的创建步骤如下。

第一步：导入 concurrent.futures 模块。

第二步：创建 ThreadPoolExecutor 对象。

第三步：利用 submit()方法提交指定函数任务到池内。

第四步：用 result()方法获取任务的执行结果。

第五步：用 shutdown()方法关闭线程池。（若使用 with 语句则会自动关闭。）

5. 线程的本地存储技术

线程的本地存储主要使用 threading 模块中的 local()方法，它可以实现单线程的全局变量的创建，但是这个变量的使用范围只在该线程内有效，不同线程之间互不影响，因为每个线程都只能读取自己线程的独立副本。线程的本地存储技术可以解决参数在一个线程中的不同方法之间互相传递数据的问题。

编程练习

例 8-3-1：有一个列表为['VB 编程','Python 编程','C 语言','编程创造城市']，要求通过多个线程分别输出列表中的所有元素，以提高软件的运行效率。

【解题思路】

1. 导入线程模块，自定义一个线程类 MyThread，在线程运行后输出初始化的文本。

2. 在初始化自定义的线程类时，利用 super()方法初始化线程类。

3. 自定义线程列表，将元素创建的新线程加入线程列表。

4. 利用 for 循环遍历线程列表，运行所有线程，直到子线程结束主线程才能结束。

程序参考代码如下。

```
import threading  #导入创建线程的模块
#自定义线程类
class MyThread(threading.Thread):
    #初始化类
    def __init__(self,threadId,msgstr):
        super().__init__()
        self.threadId=threadId
        self.msgstr=msgstr

    #线程启动后调用
    def run(self):
        print(f'线程编号：{self.threadId},内容：{self.msgstr}')
```

```
#需要让线程输出的元素列表
msglist=['VB编程','Python编程','C语言','编程创造城市']
#线程列表
threadlist=[]
#创建子线程，在实例化时传入字符串
for i,msg in enumerate(msglist):
    threadlist.append(MyThread(i,msg))
#启动所有子线程
for thrd in threadlist:
    thrd.start()
#等待子线程结束后销毁
for thrd in threadlist:
    thrd.join()

print('主线程执行完毕')
```

说明： 先将创建的所有线程都加入到 threadlist 列表中，再通过 for 循环批量启动线程，最后主线程等待子线程执行完成后结束程序。

程序运行结果如下。

```
线程编号：0,内容：VB编程
线程编号：1,内容：Python编程
线程编号：2,内容：C语言
线程编号：3,内容：编程创造城市
主线程执行完毕
```

例 8-3-2：统计一个人赚钱和消费的数据，要求自定义线程类，根据初始化线程对象时的线程类型控制是赚钱行为还是消费行为。假设这个人初始有 100 元，赚钱和消费都是 30 天，每次赚钱或者消费的金额都是 1 到 100 之间的随机数，统计这个人 30 天后的钱还有多少。

【解题思路】

1．导入线程类模块 threading 和随机数模块 random。

2．初始化总金额数为 100 元。

3．利用 threading 模块中的 lock()方法获取线程锁对象，保证后续金额数据操作的原子性。获取锁的代码格式如下。

```
锁变量=threading.Lock()  #获取锁
```

4．自定义线程类 MyThread，在加锁操作后控制共享变量（总金额变量）。

5．创建两个线程，thread1 表示赚钱线程，thread2 表示消费线程，启动这两个线程。

6．利用 join()方法等待两个线程的运行，最后在主线程中查看最终的总金额。

7．通过 result()方法获取线程处理后的结果数据。

程序参考代码如下。

```
import threading  #导入创建线程的模块
import random
#我的总金额
mymoney=100
print(f'我现在有{mymoney}元')
#获取线程锁
lock=threading.Lock()
#自定义线程类
class MyThread(threading.Thread):
    #初始化类，threadId 表示线程编号，threadType 表示线程类型
    def __init__(self,threadId,threadType):
        super().__init__()
        self.threadId=threadId
        self.threadType=threadType

    #线程启动后调用
    def run(self):
        global mymoney #声明全局变量
        #加锁后进行
        with lock:
            for i in range(30):
                money=random.randint(1,100)
                if self.threadType=='赚钱':
                    mymoney+=money
                elif self.threadType=='消费':
                    mymoney-=money
              print(f'线程编号：{self.threadId},{self.threadType}：{money}')

#初始化两个线程，分别表示赚钱和消费
thread1=MyThread(1,"赚钱")
thread2=MyThread(2,"消费")
#启动所有子线程
thread1.start()
thread2.start()
#等待子线程结束后销毁
thread1.join()
thread2.join()
```

```
print(f'30天后，我有{mymoney}元')
if mymoney>100:
    print('我赚钱啦！')
else:
    print('钱都花到哪里去了？看来要好好省钱了！')
```

🔑说明：在这个示例中，使用 threading.Lock()方法获取线程锁 lock，使用 with 语句在线程锁 lock 的情况下持续加载 30 天的赚钱行为和消费行为，最后统计出最终剩余的钱 mymoney 变量。

程序运行结果如下。

```
我现在有100元
线程编号：1,赚钱：41
线程编号：2,消费：50
30天后，我有-2元
钱都花到哪里去了？看来要好好省钱了！
```

思维训练

例 8-3-3：创建一个线程池，池内最多可以容纳三个线程，指定数据列表为[1,2,3,4]，向线程池提交一个功能，将指定数据乘以 2，最后输出处理完成的数据结果。

【解题思路】

1. 利用 concurrent.futures 模块中的 ThreadPoolExecutor 类及 as_completed()方法完成线程池的开发，首先要导入所需的模块。

2. 自定义函数作为线程处理方法，将输入的数据以两倍的结果返回。

3. 利用 ThreadPoolExecutor 类创建线程池，利用参数 max_workers 指定最大线程数为三个。

4. 将线程处理后的结果存放到 myfulturelist 列表中。

5. 在遍历 myfulturelist 列表前，先使用 as_completed()方法处理。

程序参考代码如下。

```
#导入线程功能
from concurrent.futures import ThreadPoolExecutor,as_completed

#函数功能是可以将数据变为两倍后返回
def myfunction(num):
    print('传入元素%s'%num)
    return num*2
```

```
print('使用线程池技术处理数据！')
#创建线程池
with ThreadPoolExecutor(max_workers=3) as mypool:
    #初始数据列表
    mynumlist=[1,2,3,4]
    #数据处理结果列表
    myfulturelist=[]
    #将数据提交到线程池中处理
    for mynum in mynumlist:
        myfulture=mypool.submit(myfunction,mynum)
        myfulturelist.append(myfulture)
    #输出所有任务执行结果
    for fltr in as_completed(myfulturelist):
        result=fltr.result()
        print(result)
```

程序某一次的运行结果如下。

```
使用线程池技术处理数据!
传入元素 1
传入元素 2
4
2
传入元素 3 传入元素 4


8
6
```

说明： 由于线程池中的任务执行都是异步的，因此在输出结果前使用 as_completed()方法可以大大提高程序的运行效率，避免多线程可能引发的死锁情况。

例 8-3-4：创建两个线程，分别传入不同的卫生工具，使用两个函数存取卫生工具的名称，其中一个函数用于存入名称到线程的本地存储变量中，另一个函数用于从本地存储变量中读取名称。

【解题思路】

1．导入线程模块，创建两个线程，对应两个函数处理。

2．利用 threading.local()方法创建本地存储变量，并向该变量中存入不同属性的值，对应的语法格式如下。

```
本地存储对象变量=threading.local()
```

```
本地存储对象变量.属性 1=值 1
本地存储对象变量.属性 2=值 2
...
```

取值直接利用本地存储变量的不同属性即可完成。

```
存储变量=本地存储变量.属性
```

3．启动创建的线程，并利用 join()方法等待子线程运行完成。

程序参考代码如下。

```
import threading #导入线程模块

#创建线程本地存储
localdata=threading.local()

#读取工具名称并输出
def readName():
    name=localdata.toolName
    print(f'工具名称：{name},所在线程：{threading.current_thread().name}')

#存储工具名称
def writeName(name):
    localdata.toolName=name
    readName() #单线程内调用另一个函数

#创建两个线程，分别传入不同的卫生工具
thread1=threading.Thread(target=writeName,args=("拖把",),name='thread1')
thread2=threading.Thread(target=writeName,args=("扫帚",),name='thread2')

#启动线程
thread1.start()
thread2.start()
#等待线程完成
thread1.join()
thread2.join()
```

说明：本地存储变量与不同的线程互不影响。

程序运行结果如下。

```
工具名称：拖把,所在线程：thread1
工具名称：扫帚,所在线程：thread2
```

8.4 实战 1 多人聊天室开发

任务要求

在了解进程和线程的基础上，进一步开发一个自己的聊天室，加入常用的 socket 通信及错误处理方式，程序开发要求有服务器端和客户端。

创建一个服务器端进程，等待客户端接入，要求如下。

- 本地开放端口 9999，等待客户端接入，最大接入 100 个客户端。
- 每接入一个客户端都将其作为一个单独的线程加入服务器端线程列表。
- 将每个客户端线程的消息分发到服务器端线程列表中。

创建一个客户端进程，主动连接服务器端开发的端口，要求如下。

- 初始化客户端线程并连接到服务器端。
- 允许多次输入消息并发送到服务器端。
- 循环接收服务器端消息并输出显示。

任务准备

服务器端总体的开发思路是首先开启 socket 监听，然后等待 socket 连接并为每个 socket 连接创建一个线程处理。在服务器端与客户端建立连接后，一旦收到某个线程的新消息，就立即向其他所有线程分发消息。

socket 被称为套节字，是网络通信的常用方式。Python 开发网络通信可以利用 socket 模块来实现，该模块是 Python 的内置模块，不需要下载，只要直接导入该模块即可。在服务器端使用 socket 开发的步骤如下。

第一步：导入 socket 模块。

```
import socket  #导入通信模块
```

第二步：创建 socket 对象。

调用 socket 模块中的 socket()方法，格式如下。

```
  socket 对象变量 = socket.socket(地址参数,传送数据类型)
```

上述代码中的地址参数有 AF_INET 和 AF_UNIX。其中 AF_INET 一般用来表示网络地址，而 AF_UNIX 一般用于实现同一台机器上的进程间通信。

传送数据类型有 SOCK_STREAM 和 SOCK_DGRAM。SOCK_STREAM 代表 TCP 的流套接字，而 SOCK_DGRAM 表示 UDP 的数据报套接字。

第三步：将 socket 绑定到指定地址上。

利用 socket 对象变量的 bind()方法即可实现地址绑定，格式如下。

```
socket.bind((主机地址，端口))
```

在服务器端实现地址绑定一般可以使用元素参数("localhost",端口号)，第一个元素 localhost 表示本机，代表服务器。在服务器端绑定端口时要注意不要与打开的端口重复，否则会提示异常。

第四步：打开监听。

```
socket 对象变量.listen(客户数量)
```

第五步：利用 accept()方法等待客户请求连接。

```
客户端 socket 对象变量，客户端地址 = 服务器端 socket 对象变量.accept()
```

第六步：消息处理。

服务器端和客户端通信通过 send()和 recv()方法来实现数据传输。

socket 调用 send()方法向客户发送信息，同时返回已发送的字符个数；使用 recv()方法接收信息，在调用 recv()方法时需要指定一个整数，表示接收的最大数据量。

第七步：通信结束处理。

调用 socket 对象变量的 close()方法即可关闭当前连接。

客户端通信的总体思路是首先实例化 socket 对象，然后连接服务器端，最后检测连接状态并等待收发消息。

实现客户端 socket 的步骤如下。

第一步：导入 socket 模块，和服务器端一样。

第二步：创建 socket 对象变量，和服务器端一样。

第三步：使用 socket 对象变量的 connect()方法连接服务器，语法格式如下。

```
socket 对象变量.connect((服务器地址，端口号))
```

第四步：消息处理，和服务器端一样。

第五步：通信结束处理，和服务器端一样。

任务分析

1. 该任务需要建立两个 Python 文件，一个是服务器端文件，另一个是客户端文件。

2. 服务器端的实现在 socket 协议的一般步骤上融入线程功能，将每个客户端的接入都作为一个线程。

3. 在客户端线程中需要处理其他客户端线程发来的新消息。

4. 在线程中遍历客户端线程列表，并分发新的客户端消息到每个客户端线程中。

5. 客户端的实现思路比较简单，只需要启动一个线程，在连接服务器后，能够循环输入发送消息并循环接收服务器发来的消息即可。

任务实施

服务器端的代码如下。

```
#导入通信模块
import socket
#导入线程模块
import threading
#服务器端接收客户端的消息
def ljyclient_thread(clientSck: socket.socket, clientAddr: socket.AddressInfo):
    print("当前接入：", str(clientAddr))
    #返回客户端消息是否接入成功
    clientSck.send("您与服务器连接成功！".encode('utf-8'))
    #遍历每个线程并处理
    while True:
        try:
            #接收客户端消息
            msgstr = clientSck.recv(1024).decode('utf-8')
            print(clientAddr,msgstr)
            #分发消息，将客户端消息分发给线程列表中的每个线程
            for ljysckThreadDic in ljysckThreadPool:
                if ljysckThreadDic['thread'].is_alive(): #检测线程是否正常激活
                    ljysckThreadDic['socket'].send(msgstr.encode("utf-8"))
                    #发送消息
                else:
                    ljysckThreadPool.remove(ljysckThreadDic) #移除无用的线程
        except socket.error:#其他通信问题的异常处理
            print(clientAddr,"下线了！")
            clientSck.close() #下线客户端，关闭 socket
            break
    print(clientAddr,"线程生命周期结束！")

#程序运行入口
def run():
    # 创建服务端监听程序
    ljysck = socket.socket(socket.AF_INET, socket.SOCK_STREAM)
    ljysck.bind(("localhost", 9999)) #开放端口
    ljysck.listen(100) #最大监听数量为 100
```

```
    # 准备线程列表
    global ljysckThreadPool
    ljysckThreadPool = []
    while True:
        clientSck, clientAddr = ljysck.accept()
        #等待用户连接，返回客户端socket 和客户端地址
        #初始化客户端线程
        myclientSckThread = threading.Thread(target=ljyclient_thread,
args=(clientSck, clientAddr), daemon=True)
        myclientSckThread.start() #启动客户端线程
        #将客户端线程加入线程列表。参数分别为客户端地址、客户端socket、客户端线程
        ljysckThreadPool.append({'addr':clientAddr,'socket':clientSck,'thread':
myclientSckThread})

#程序运行主入口
if __name__ == '__main__':
    run()
```

在服务器端启动后，等待客户端接入，在收到客户端的消息后，代码运行结果如下。

```
当前接入:('127.0.0.1',61836)
('127.0.0.1',61836) 我爱 Python 编程
('127.0.0.1',61836) 为祖国做出自己的贡献!
```

客户端代码如下。

```
# -*- coding:utf-8 -*-
"""
@File 文件    :   ljyclient
"""
import socket  #导入通信模块
import threading  #导入信息模块
#客户端线程接收消息的处理方法
def ljyclient_recvThread(clientSck:socket.socket):
    while True:#循环等待服务器端消息，如有消息则接收并显示
        msg = clientSock.recv(1024)
        print("接收到：", msg.decode("utf-8"))
#客户端运行主程序
def run():
    global clientSock  #客户端socket
    clientSock = socket.socket(socket.AF_INET, socket.SOCK_STREAM) #初始化socket
    clientSock.connect(("localhost", 9999)) #连接服务器
```

```
    #初始化客户端线程
    clientThread = threading.Thread(target=ljyclient_recvThread,
args=(clientSock,), daemon=True)
    clientThread.start()  #启动线程
    #客户端循环，每次可以输入一条消息
    while True:
        smsg = input("输入消息：")
        #发送消息到服务器端，并使用utf-8 编码，防止中文乱码
        clientSock.send(smsg.encode("utf-8"))


if __name__=='__main__':
    run()
```

在客户端连接服务器端后，发送测试消息的结果如下。

```
输入消息：接收到：您与服务器连接成功!
我爱 Python 编程
接收到：我爱 Python 编程
输入消息：为祖国做出自己的贡献!
接收到：为祖国做出自己的贡献!
输入消息：_
```

8.5　实战 2 夏季智慧除湿防暑

智慧防暑

任务要求

使用硬件平台模拟构建除湿防暑系统。获取并显示温湿度传感器的数据，根据设定的条件调整温湿度（使用风扇模拟），通过温湿度联动直流风扇，实现智慧除湿防暑功能，提供良好的客户体验。本任务的要求如下。

1. 实现温度、湿度值的获取和显示。
2. 实现打开、关闭风扇的方法。
3. 实现联动，可以根据湿度合理开关风扇。

任务准备

本任务的重点在于根据湿度合理开关风扇，以达到除湿防暑的效果，核心代码如下。

```
if sdval!="":
    if float(sdval)>50: #根据环境的湿度值判断是否要除湿，控制是否打开风扇
        # 打开风扇
```

```
        myserial.hardwareSend(HardwareType.fan, HardwareCommand.control,
HardwareOperate.FANREVON)
    else:
        # 关闭风扇
        myserial.hardwareSend(HardwareType.fan, HardwareCommand.control,
HardwareOperate.FANOFF)
```

注意：要先判断温湿度的值是否取到，再进行类型转化。

任务分析

1. 创建一个自定义的线程类 Heatstroke，继承线程类 Thread。
2. 利用类的构造方法初始化线程参数，根据实际情况传入串口参数。
3. 利用线程类的 run()方法实现具体的防暑功能。
4. 防暑功能的实现要先获取温湿度的值，再开关风扇。

任务实施

```
#导入硬件模块
from JtPythonBCPToHardware import *
#导入休眠模块
from time import sleep
#导入线程模块
from threading import Thread
#创建线程类
class Heatstroke(Thread):
    #初始化线程参数
    def __init__(self,comNum):
        # 初始化串口
        self.myserial = SerialTool(comNum)
    #线程方法
    def run(self):
        while True:
            sleep(0.5)
            # 获取温度、湿度
            self.myserial.hardwareSend(HardwareType.tempHumidity,
HardwareCommand.get, "")
            wdval = str(self.myserial.tempData)          # 温度值
            sdval = str(self.myserial.humidityData)      # 湿度
            # 将温湿度发送到 LCD 显示屏上显示出来
            sleep(0.5)
```

```
            self.myserial.hardwareSend(HardwareType.lcd, HardwareCommand.control,
"湿度: " + sdval + "      温度: " + wdval)
            sleep(0.5)
            if sdval != "":
                if float(sdval) > 50:
                # 根据环境的湿度值判断是否要除湿，控制是否打开风扇
                    # 打开风扇
                    self.myserial.hardwareSend(HardwareType.fan,
HardwareCommand.control, HardwareOperate.FANREVON)
                else:
                    # 关闭风扇
                    self.myserial.hardwareSend(HardwareType.fan,
HardwareCommand.control, HardwareOperate.FANOFF)

#程序入口
if __name__=='__main__':
    myhsThread=Heatstroke("COM3")
    myhsThread.start()
```

本章小结

本章讲解了进程和线程有关的知识，读者可以对 Python 程序的运行有更加深入的理解。开发者通过多进程和多线程可以充分发挥计算机性能，实现软件的高效运行。在实战任务中结合网络通信知识，利用多线程开发一个聊天室，对线程开发应用赋予更多的实用价值。

第9章 软件开发可视化应用

学习目标

■ 掌握 tkinter 库的基础知识和常用控件的使用
■ 掌握 pygame 库的游戏交互控制
■ 掌握 sqlite 库的基本操作
■ 掌握 matplotlib 库的基础图形控件

学习重点和难点

■ 使用 tkinter 库开发软件界面和控件事件
■ 小游戏开发的基本过程
■ 编写简单的 SQL 语句并进行数据的增加、删除、修改、查询
■ 读取和处理 Excel 数据
■ 运用事件实现软件界面的交互及其他功能

思维导图

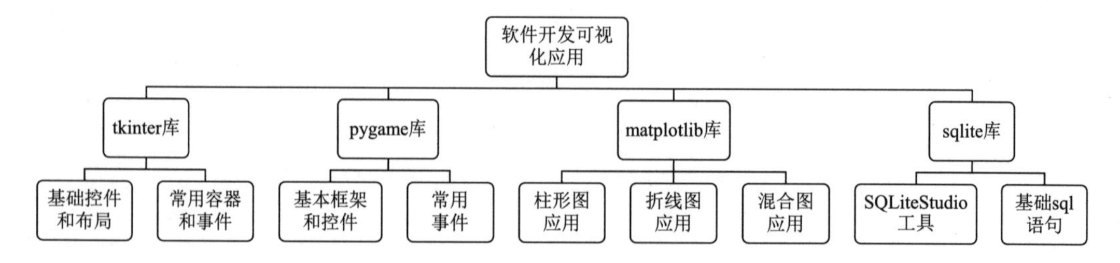

本章导论

桌面端软件开发是软件开发者的必修课，因为所有的功能都需要用户的使用才能产生价值，所以必须有能让用户更容易理解的输入和输出方法，这就涉及 GUI 开发领域了。所谓 GUI 就是通用用户接口，是一种能让用户普遍接受的软件界面表达方式，可以让用户的行为与软件内部的各个功能得以交互。GUI 是用户与开发者沟通中不可缺少的中间平台。本章利用 Python 编程中强大的功能库（tkinter、pygame、sqlite、matplotlib）为读者讲解基础的 GUI 开发和应用。

9.1　桌面端软件开发

tk 使用

简单的软件界面开发，尤其是操作系统桌面端的简单软件界面开发，推荐使用 tkinter 模块，因为该模块是 Python 的内置库，无须下载安装，直接导入即可使用。

1. 认识 tkinter

tkinter 是 Python 编程中标准的 GUI 库，可以提供丰富、简单、易用的界面开发组件，使开发者能够快速开发桌面端软件。tkinter 库中包含文本框、按钮、标签、单选按钮、复选框等多种控件，以及 grid、place、pack 等界面布局方式。

tkinter 库可以在绝大多数操作系统上运行，包括 Windows、Linux 及 macOS 系统，可见该库也是跨平台的模块。在安装 Python 解释器时，需要勾选“tcl/tk and IDLE”复选框，环境配置如图 9-1 所示。

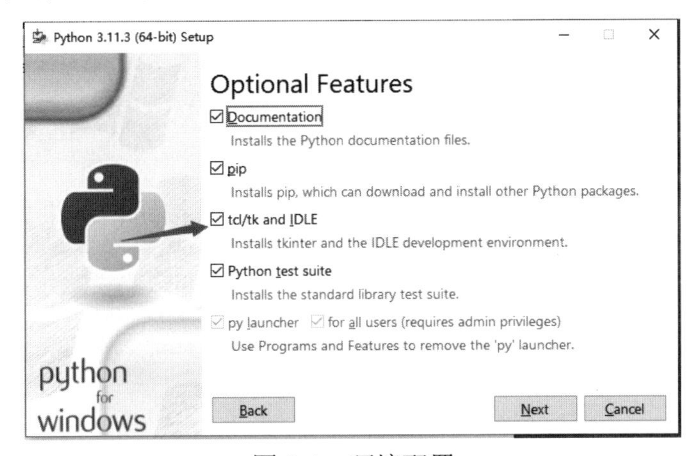

图 9-1　环境配置

tkinter 库在用于开发 GUI 桌面端软件时具有简单、易用、跨平台、高效等优点，但是它的特效和动画效果比较有限，中文文档和 demo 也相对较少，一般适用于中小规模软件的开发。

使用 tkinter 库开发 GUI 桌面端软件的步骤如下。

第一步，导入 tkinter 模块。

第二步，实例化 tkinter 对象，创建顶级窗体。

第三步，向窗体中添加 GUI 控件。

第四步，将控件进行合理布局。

第五步，向控件中添加相关的处理事件与函数。

第六步，运行 GUI 循环，等待事件的交互。

根据以上步骤开发一个基础桌面端软件。例如，利用 tkinter 库开发第一个 GUI 窗体软件，代码如下。

```
# 第一步，导入 tkinter 模块
from tkinter import *
# 第二步，实例化 tkinter 对象，创建顶级窗体
myform1=Tk() #实例化对象
myform1.title("LJYBC 示例窗体") #窗体的标题设置
myform1.geometry("400x200+100+50")
# 第三步，向窗体中添加 GUI 控件
mybtn=Button(myform1,text="社会主义核心价值观")
# 第四步，将控件进行合理布局
mybtn.place(x=100,y=50)
# 第五步，向控件中添加相关的处理事件与函数
#函数，在后台输出一句话
def printText(event):
    print("富强民主文明和谐，自由平等公正法治，爱国敬业诚信友善。")
#绑定点击事件到函数
mybtn.bind('<Button-1>',printText)
# 第六步，运行 GUI 循环，等待事件的交互
myform1.mainloop()
```

在运行代码后，单击“社会主义核心价值观”按钮，效果如图 9-2 所示。

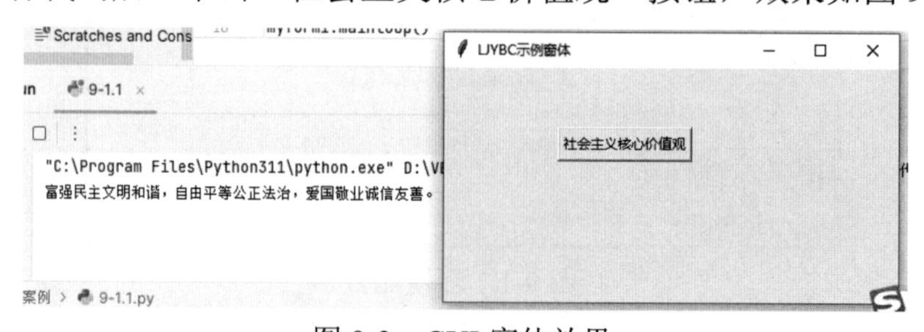

图 9-2　GUI 窗体效果

🔑说明：该示例使用 tkinter 库中的 title()方法设置窗体的标题，使用 geometry()方法设置窗体的宽度、高度、屏幕水平方向位置、屏幕垂直方向位置，传入的参数格式比较特殊，格式为“宽×高+*x* 值+*y* 值”，单位都是像素。place()方法中的 x 和 y 参数分别表示控件的水平距离和垂直距离。

📢注意：
- 调用的 title()方法和 geometry()方法都是实例化 Tk 类的对象而得到的，相当于调用了一个实例化类的对象的方法。
- 在实例化一个控件时，要注意加入这个控件的父容器，如本示例中的 Button 控件，在实例化时的第一个参数 myform1 就是实例化的 Tk 窗体对象。

在使用 tkinter 库时，往往会在控件中绑定变量，这样有助于存储管理这些控件的值。

tkinter 库中常用的变量类型如表 9-1 所示。

表 9-1 tkinter 库中常用的变量类型

序号	变量类型	含义
1	StringVar	表示用于存取字符串类型的值，可以绑定 Entry、Label、Message 等用文本表示的控件
2	IntVar	表示用于存取整数类型的值，可以绑定 Radiobutton 等用整数表示的控件
3	DoubleVar	表示用于存取浮点数，可以绑定 Entry 等用浮点数表示的控件
4	BooleanVar	表示用于存取布尔类型的值，可以绑定只有两种值可供选择的控件

tkinter 库中的这些变量类型本质上也是类，因此可以在实例化时传入与变量相关的值。在实际运用中，往往在存入时使用 set()方法，在取值时使用 get()方法。

2. 常用控件与布局

由于控件的使用都要结合窗体布局，因此接下来会在常用控件的示例中加入常用的布局方式。常用的布局方式主要有 pack 布局、place 布局、grid 布局等。

（1）Label（标签控件）。

Label 控件的主要作用是显示文本，也可以将图像显示出来，这里结合 pack 布局来运用 Label 控件。

用 Label 控件显示“社会主义核心价值观！”，示例代码如下。

```
# 导入 tkinter 模块
from tkinter import *
```

```
# 实例化 tkinter 对象，创建顶级窗体
myform1=Tk() # 实例化对象
myform1.title("用 Label 控件-LJYBC 案例") # 窗体的标题设置
myform1.geometry("400x200+100+50")
# 设置窗体的宽度为 400 像素，高度为 200 像素，屏幕水平距离为 100 像素，垂直距离为 50 像素
# 向窗体中添加 GUI 控件
mylbl=Label(myform1,text="社会主义核心价值观")
# 将控件进行合理布局
mylbl.pack() #使用 pack 布局将控件放置到窗体上
# 运行 GUI 循环，等待事件的交互
myform1.mainloop()
```

图 9-3　Label 控件效果（1）

代码运行效果如图 9-3 所示。

在用 Label 控件显示图片时，需要结合 Photoimage 类使用。利用 Photoimage 类的 file 参数可以设置具体的图片源，将实例化后的对象设置为 Label 控件的 image 参数即可，核心语法格式如下。

```
图片对象变量= PhotoImage(file="图片")
Label 标签对象=Label(界面 surface 对象,image=图片对象变量)
```

在 Label 控件的示例中使用了 pack 布局，这是一种简单、常用的布局方式，它会尽可能地将控件显示到空余的空间中，常用的控件基本都支持 pack 布局。如果多个控件使用 pack 布局方式，那么默认会按照从上到下、从左向右的顺序显示。

pack 布局中常用的参数如表 9-2 所示。

表 9-2　pack 布局中常用的参数

序　号	参　数	释　义
1	side	表示对于父容器的显示位置，tkinter 库已经定义好上、下、左、右常量参数 TOP、BOTTOM、LEFT、RIGHT，默认为 TOP
2	expand	表示是否随着父容器方向进行扩展，默认为 False
3	fill	表示要沿着哪个方向进行扩展：如果值为 BOTH，则沿着水平和垂直两个方向同时扩展；如果值为 X，则沿着水平方向扩展；如果值为 Y，则沿着垂直方向扩展；默认为 None，表示不扩展
4	padx	组件与 x 轴边框的距离，默认为 0
5	pady	组件与 y 轴边框的距离，默认为 0
6	ipadx	组件内部水平方向的距离，默认为 0
7	ipady	组件内部垂直方向的距离，默认为 0

（2）Button（按钮控件）。

Button 控件主要用于引导用户执行某个功能，往往需要对其绑定相应的点击事件及执行事件的功能函数。在第一个 tkinter 库的示例中，已经使用 Button 控件实现了显示“社会主义核心价值观”的功能。初始化 Button 控件的方式和 Label 控件相似，显示的文字也可以使用 text 参数传入。

在之前的示例中，绑定 Button 控件的点击事件使用的是 bind()方法，其实也可以在实例化 Button 控件时使用 command 参数直接绑定指定的函数，格式如下。

```
按钮变量名称=Button(父容器，text="显示文本"，command=点击后执行的函数名称)
```

在之前的示例中用到了 pack 布局，在这里使用 place 布局，该布局主要针对指定的控件在父容器内的绝对位置。

place 布局中常用的参数如表 9-3 所示。

表 9-3 place 布局中常用的参数

序号	参数	释义
1	x	表示与父容器水平方向左侧的距离
2	y	表示与父容器垂直方向顶部的距离
3	relx	表示相对于父容器宽度的坐标，用一个浮点数表示百分比，默认无
4	rely	表示相对于父容器高度的坐标，用一个浮点数表示百分比，默认无
5	anchor	表示在父容器中的起始点，默认为左上角，具体取值较多，如“表 9-4 anchor 锚点值及其含义”所示
6	width	表示组件的宽度，默认无
7	height	表示组件的高度，默认无
8	relwidth	表示组件宽度相对于父容器宽度的占比，默认无
9	relheight	表示组件高度相对于父容器高度的占比，默认无
10	bordermode	表示边框模式。inside 表示边框在组件内部，outside 表示边框在组件外部

表 9-4 anchor 锚点值及其含义

序号	值	含义
1	nw	左上角
2	n	顶部居中
3	ne	右上角
4	w	左侧居中
5	center 或 c	中心
6	e	右侧居中
7	sw	左下角
8	s	底部居中
9	se	右下角

（3）Entry（文本框控件）。

Entry 控件主要用于单行文本的输入，会先让用户输入文本，再用程序从文本框中取出文本字符串并进一步到程序中处理。

创建 Entry 控件的代码格式如下。

```
myEntry=Entry(父容器, text= "默认显示文本")
```

grid 布局的常用参数如表 9-5 所示。

表 9-5　grid 布局的常用参数

序　号	参　数	含　义
1	row	控制控件在哪一行放置
2	column	控制控件在哪一列放置
3	rowspan	指定控件跨越多少行
4	columnspan	指定控件跨越多少列
5	sticky	指定控件在所在的单元格中如何对齐，可以使用 N, E, S, W 及其组合来指定对齐方式
6	padx	指定控件的左右填充量（以像素为单位）
7	pady	指定控件的上下填充量（以像素为单位）
8	ipadx	指定控件内部的水平填充量（以像素为单位）
9	ipady	指定控件内部的垂直填充量（以像素为单位）
10	columnconfigure	对某列进行配置，如指定列的权重
11	rowconfigure	对某行进行配置，如指定行的权重

（4）Radiobutton（单选按钮控件）。

Radiobutton 作为单选按钮控件往往成组出现，用户可以单独选择其中一项，多用于注册账号、调查问卷时的性别选择等。

例如，当注册账号时，使用两个 Radiobutton 控件来选择性别，示例代码如下。

```
#导入 tkinter 模块
from tkinter import *
#实例化 tkinter 对象，创建顶级窗体
myform1=Tk() #实例化对象
myform1.title("用 Radiobutton 单选按钮控件-LJYBC 案例") #窗体的标题设置
myform1.geometry("400x200+100+50")
#设置窗体的宽度为 400 像素，高度为 200 像素，屏幕水平距离为 100 像素，垂直距离为 50 像素
#标签提示
mylbl=Label(myform1,text='性别：')
mylbl.place(x=100,y=50)
```

```
#性别绑定的变量
var_sex=StringVar(value='1')

#创建单选按钮组
sexMan=Radiobutton(myform1,text="男",value="0",variable=var_sex)
sexMan.place(x=130,y=50)
sexWoman=Radiobutton(myform1,text="女",value='1',variable=var_sex)
sexWoman.place(x=180,y=50)

#运行 GUI 循环，等待事件的交互
myform1.mainloop()
```

说明： 该示例结合使用 tkinter 库中的字符串类型变量 StringVar，设置默认值为 1，并保存在 var_sex 变量中，而两个单选按钮中性别男的 value 值为 0，性别女的 value 值为 1，这样在执行程序后会默认选中性别女的单选按钮。

注意： 在初始化两个单选按钮控件时，都使用了 variable 属性，其主要作用如下。

- 将两个性别按钮绑定为同一组，只能让用户选择其中一个，所以绑定了同一个 var_sex 变量。
- 初始化选中的默认选项，默认选中值为 1 的性别按钮，即默认选择“女”。
- 使用 var_sex 获取用户选择的性别结果，该值会随着用户的选择而改变，结果为 0 或 1。

代码运行效果如图 9-4 所示。

图 9-4　Radiobutton 控件效果

（5）Checkbutton（多选按钮控件）。

Checkbutton 控件与 Radiobutton 控件类似，不同的是 Checkbutton 控件是让用户进行多项选择的控件，多用于用户数据的收集。

例如，在用户注册时，可以收集用户的爱好，用于向用户推送信息，一个人的爱好可以有多个，因此使用多选按钮控件 Checkbutton，示例代码如下。

```
#导入 tkinter 模块
from tkinter import *
#实例化 tkinter 对象，创建顶级窗体
myform1=Tk() #实例化对象
myform1.title("用 Checkbutton 多选（复选）按钮控件-LJYBC 案例") #窗体的标题设置
myform1.geometry("400x200+100+50")
```

```
#设置窗体的宽度为 400 像素，高度为 200 像素，屏幕水平距离为 100 像素，垂直距离为 50 像素
#标签提示
mylbl=Label(myform1,text='爱好：')
mylbl.place(x=10,y=50)

#创建多选按钮组，将爱好绑定到变量上
var_hobby1=IntVar()
myhobby1=Checkbutton(myform1,text="唱歌",variable=var_hobby1)
myhobby1.place(x=60,y=50)
var_hobby2=IntVar()
myhobby2=Checkbutton(myform1,text="跳舞",variable=var_hobby2)
myhobby2.place(x=110,y=50)
var_hobby3=IntVar()
myhobby3=Checkbutton(myform1,text="编程",variable=var_hobby3)
myhobby3.place(x=160,y=50)
var_hobby4=IntVar()
myhobby4=Checkbutton(myform1,text="数码",variable=var_hobby4)
myhobby4.place(x=210,y=50)

# 运行 GUI 循环，等待事件的交互
myform1.mainloop()
```

说明： 该示例结合使用 tkinter 库中的整数类型变量 IntVar，并把它实例化后的变量 myhobbyX（X 表示不同的变量名称）绑定在控件的 variable 属性上，用于采集用户对 Checkbutton 控件的选择结果。

注意： 由于 Checkbutton 表示的是多选按钮，因此每个控件无论是否被选中都是独立的，所以在 variable 属性上绑定的是不同的 IntVar 实例化变量。

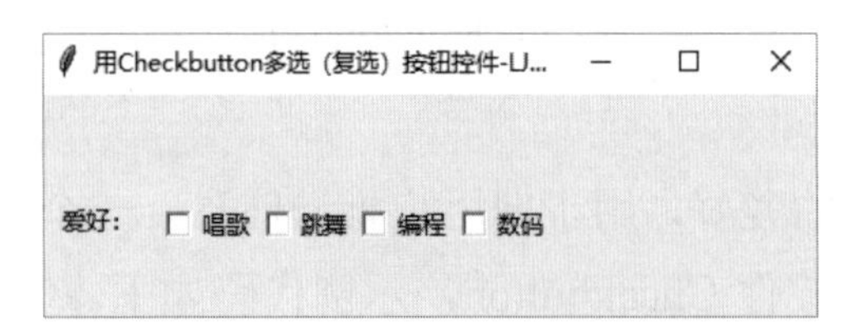

图 9-5　Checkbutton 控件效果

代码运行效果如图 9-5 所示。

（6）Listbox（列表框控件）。

Listbox 控件可以将很多数据用一个列表框逐项列出，方便让用户从中进行选择。Listbox 控件在用户交互方面十分实用，其使用步骤如下。

第一步：实例化 Listbox 控件。

第二步：利用 insert()方法向控件中添加项目。

第三步：布局 Listbox 控件。

第四步：利用 curselection()方法获取用户选中的项目。

例如，选择今天要实践的环保活动，示例代码如下。

```
#导入 tkinter 模块
from tkinter import *
#实例化 tkinter 对象，创建顶级窗体
myform1=Tk() #实例化对象
myform1.title("用 Listbox 列表框控件-LJYBC 案例") #窗体的标题设置
myform1.geometry("400x300+100+50")
#设置窗体的宽度为 400 像素，高度为 300 像素，屏幕水平距离为 100 像素，垂直距离为 50 像素
#标签提示
mylbl=Label(myform1,text='选择今天要实践的环保活动：')
mylbl.place(x=10,y=10)

#创建列表框
mylist=Listbox(myform1)
#录入项目
mylist.insert(1,'垃圾分类')
mylist.insert(2,'植树')
mylist.insert(3,'捡垃圾')
mylist.insert(4,'宣传环保')
#布局
mylist.place(x=10,y=35)
#运行 GUI 循环，等待事件的交互
myform1.mainloop()
```

说明：该示例中的 Listbox 控件在录入项目时使用的 insert()方法有两个参数，其中第一个参数表示项目的索引，不会显示出来，而第二个参数表示列表中实际会显示的值。

代码运行效果如图 9-6 所示。

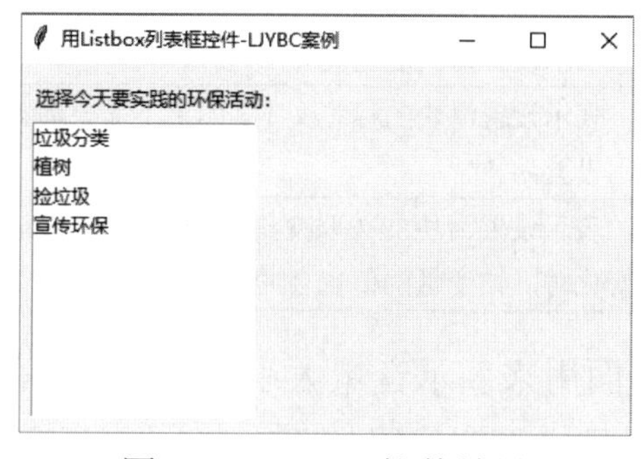

图 9-6　Listbox 控件效果

要想获取选中项的情况，可以结合 curselection()方法和 get()方法分别获取索引和文本，核心代码如下。

```
#获取选中项时使用以下代码
curIndex=mylist.curselection()[0]    #获取当前选中项目的索引
curText=mylist.get(curIndex)         #根据选中项目的索引获取选中的文本
```

（7）Scrollbar（滚动条控件）。

Scrollbar 控件主要用来形象地控制一些控件的显示位置，常常结合其他控件使用，实现列表框、文本框、画布等控件的垂直或水平滚动。

例如，为列表框控件配置垂直方向滚动条，示例代码如下。

```
#配置列表框垂直方向滚动，与滚动条关联
列表控件对象变量.config(yscrollcommand=滚动条控件对象变量.set)
#配置滚动条关联到列表框的垂直方向视图
滚动条控件对象变量.config(command=列表框控件对象变量.yview)
```

（8）Scale（滑块控件）。

Scale 控件是一个使用滑块来表示具体数值的控件，通常用来表示一个数值范围，便于用户在范围内进行选择。滑块的基本使用方法和其他控件类似，要先实例化和初始化控件，再进行合理布局。Scale 控件在初始化时需要配置的参数较多，因为它要表示一个范围，所以需要设置最大值和最小值，还可以设置是否有小数位等。

Scale 控件的相关配置参数如表 9-6 所示。

表 9-6　Scale 控件的相关配置参数

序　号	属性参数	含　义	默认值
1	from_	表示设置滑块的最小值	0
2	to	表示设置滑块的最大值	100
3	resolution	表示设置滑块的步长	1
4	orient	表示设置滑块的方向	VERTICAL（垂直方向）
5	length	表示设置滑块的长度	100 像素
6	width	表示设置滑块的宽度	15 像素
7	label	表示设置滑块的标签文本。如果不需要标签，则设置为 ""	无
8	variable	表示设置滑块的关联变量。当滑块的值发生变化时，该变量的值也会同步更新	无

例如，开发一个界面用来表示音量大小，要求音量范围为 0～100，可以使用 1 位小数更精确地表示，示例代码如下。

```
#导入 tkinter 模块
```

```
from tkinter import *
#实例化 tkinter 对象，创建顶级窗体
myform1=Tk() #实例化对象
myform1.title("用 Scale 控件-LJYBC 案例") #窗体的标题设置
myform1.geometry("400x100+100+50")
#设置窗体的宽度为 400 像素，高度为 100 像素，屏幕水平距离为 100 像素，垂直距离为 50 像素
#创建标签，表示音量
mylbl=Label(text="音量：")
mylbl.pack(side=LEFT,anchor='nw',pady=20)
#滑块控件
#创建变量管理滑块的值
var_volume=DoubleVar()  #表示音量大小
myscl=Scale(myform1,variable=var_volume,from_=0,to=100,orient=HORIZONTAL,
resolution=0.1)
myscl.pack(anchor="e",fill='x')
#运行 GUI 循环，等待事件的交互
myform1.mainloop()
```

说明：

（1）在该示例中，由于滑块的滑动值有小数，因此采用 DoubleVar 变量类型来接收滑块的浮点数，同时使用 resolution 配置滑块每次滑动最少前进 0.1。滑块还配置了 HORIZONTAL 属性，表示滑块水平显示，因为默认是垂直显示的。

（2）该示例采用 pack 的相对布局方式，可以使滑块随窗体大小自适应；Scale 控件使用 fill 参数设置值为 x，表示可以在水平方向上自动缩放；Lable 控件使用 side 和 anchor 两个属性分别配置“音量”文字的左对齐和左上角对齐；同时结合 pady 属性的配置，使得布局更加合理。

注意：Scale 控件的起始范围属性 from 后面有一个下画线，但是结束范围属性 to 后面没有下画线。

代码运行效果如图 9-7 所示。

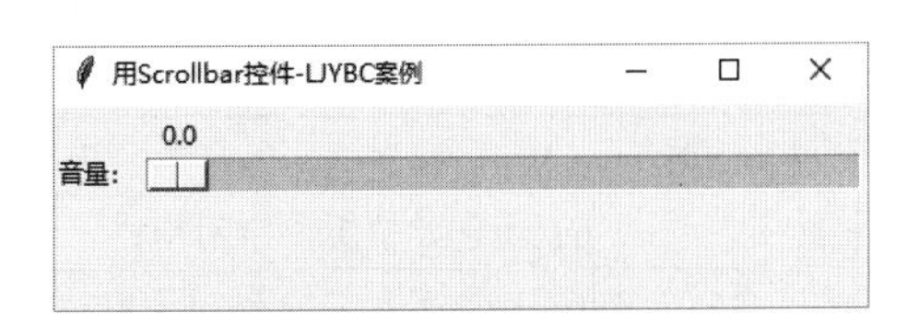

图 9-7　Scale 控件效果

（9）Text（文本框控件）。

Text 控件的功能类似于 Entry 控件，都是用来实现用户交互输入的，但它一般用于数据输入较多的场景，并且允许用户进行多行输入，同时提供 insert()方法，在指定的位置插入一串文本，或者使用 delete()方法，在指定位置删除一串文本。

Text 控件的创建方法与其他控件类似，并且更为简单。

例如，创建一个留言板，示例代码如下。

```
#导入 tkinter 模块
from tkinter import *
#实例化 tkinter 对象，创建顶级窗体
myform1=Tk() #实例化对象
myform1.title("用 Text 控件-LJYBC 案例") #窗体的标题设置
myform1.geometry("300x200+100+50")
#设置窗体的宽度为 300 像素，高度为 200 像素，屏幕水平距离为 100 像素，垂直距离为 50 像素
#创建标签，表示音量
mylbl=Label(text="留言板：")
mylbl.pack(side=LEFT,anchor='nw')
#滑块控件
#创建变量，管理滑块的值
mytxt=Text(myform1,width=30,height=10)
mytxt.pack(side=LEFT,anchor='n')
#运行 GUI 循环，等待事件的交互
myform1.mainloop()
```

说明：该示例对 Text 控件使用固定的宽和高且使其居左上角方式显示，使得显示效果更加美观。

代码运行效果如图 9-8 所示。

图 9-8 Text 控件效果

Text 控件比 Entry 控件具有更多功能，其常用方法如表 9-7 所示。

表 9-7 Text 控件的常用方法

序 号	方 法	含 义
1	insert(起始位置，字符串)	表示向控件的指定位置插入一段文本
2	delete(起始位置，结束位置)	表示删除控件中的指定文本
3	get(获取文本的起始位置，获取文本的结束位置)	表示获取控件中的内容

（10）Menu（菜单控件）。

利用 Menu 控件可以开发一个简单的窗体菜单，为用户提供软件总体功能

模块的分类选择功能。Menu 控件可以在每个菜单中继续添加子菜单，并对每个子菜单进行不同功能模块的处理。

菜单的创建过程如下。

第一步：创建菜单工具栏。

第二步：添加一级菜单（若有子菜单，则用 add_cascade()方法；若为叶子节点，则用 add_command()方法）。

第三步：添加二级菜单，过程类似一级菜单。

第四步：为叶子节点的菜单按钮创建相关的处理函数。

第五步：将创建的菜单对象配置到窗体菜单属性中。

3. 常用容器

在 tkinter 库的实际开发中，常常需要使用多个容器来组织和整理控件，这些容器往往会相互嵌套，使得界面的层次结构更加丰富。

tkinter 库中的常用容器如表 9-8 所示。

表 9-8　tkinter 库中的常用容器

序　号	容　器	功 能 描 述
1	Tk	表示窗口的基本容器，每个 Tk 对象都代表一个独立的窗口
2	Toplevel	表示顶级窗口的容器，具有与 Tk 相似的功能，用于创建多文档界面或弹出式对话框等
3	Frame	表示没有标题的容器，用于组织和管理其他组件。Frame 可以嵌套在其他 Frame 中
4	LabelFrame	表示具有标题的 Frame，用于组织一组相关的控件并将其分组显示
5	PanedWindow	表示用一个可调节的滑块分割窗体布局
6	Notebook	表示选项卡容器，用来组织不同的页面内容
7	Canvas	表示画布容器，用来绘制文字、图形、图片等

注意： 容器默认都不会显示出来，只用于组织控件，显示出来的只是用户看到的各类控件。

4. 常用事件

用户在使用 tkinter 库开发可视化软件的过程中，往往要利用软件界面的控件与软件功能进行交互，这需要结合事件来实现。在之前的示例中，利用 command 属性和 bind()方法实现了简单控件与事件的关联。

在 tkinter 库的实际应用中，可以利用 bind()方法绑定的常用事件如表 9-9 所示。

表 9-9 tkinter 库中的常用事件

序 号	时 间	含 义
1	<Button-1>	鼠标左键单击事件
2	<Button-2>	鼠标中键单击事件
3	<Button-3>	鼠标右键单击事件
4	<Double-Button-1>	鼠标左键双击事件
5	<Enter>	鼠标进入事件，即当鼠标进入组件时触发
6	<Leave>	鼠标离开事件，即当鼠标离开组件时触发
7	<Key>	按键事件，即当按下某个键时触发
8	<Return>或<KP_Enter>	回车键事件，即当按下回车键时触发
9	<FocusIn>	获得焦点事件，即当组件获得焦点时触发
10	<FocusOut>	失去焦点事件，即当组件失去焦点时触发
11	<Configure>	大小改变事件，即当组件的大小改变时触发
12	<Timer>	定时器事件，即在指定的时间间隔内周期性地触发

编程练习

例 9-1-1：要求利用标签控件载入一张图片，图片名称为“mylove.png”。

【解题思路】

1．利用 tkinter 基本框架正常载入窗体并使其显示。

2．图片最好提前处理为适当的大小，否则需要缩放，操作会相对复杂。

3．利用 tkinter 库自带的 PhotoImage()方法载入图片，注意图片与程序文件的路径。

4．将实际载入的图片对象填入到 Label 控件的 image 参数中。

程序参考代码如下。

```
#导入 tkinter 模块
from tkinter import *
#实例化 tkinter 对象，创建顶级窗体
myform1=Tk() #实例化对象
myform1.title("用 Label 控件显示图片-LJYBC 案例") #窗体的标题设置
myform1.geometry("400x300+100+50")
#设置窗体的宽度为 400 像素，高度为 300 像素，屏幕水平距离为 100 像素，垂直距离为 50 像素
#向窗体中添加 GUI 控件
mypic=PhotoImage(file="mylove.png")
mylbl=Label(myform1,image=mypic)
#将控件进行合理布局
mylbl.pack() #使用 pack 布局将控件放置到窗体上
#运行 GUI 循环，等待事件的交互
myform1.mainloop()
```

程序运行效果如图 9-9 所示。

图 9-9　Label 控件效果（2）

注意：这里使用的 Photoimage 类也是 Tk 库中自带的类，但它只适合 gif 类型或 pgm/ppm（仅限灰度或彩色）类型的图片，这两种类型的图片的常用扩展名是.gif 和.png。如果使用其他类型的扩展名，则可能导致程序报错并停止运行。

例 9-1-2：使用 grid 布局结合循环语句，在界面上布局一个可以输入三个梦想的界面。

【解题思路】

1．初始化界面框架，使其可以正常显示没有控件的界面。

2．载入一个标签和文本框控件。

3．利用 grid 布局的规则，结合行列排布属性 row 和 column，在界面上做出两个窗体。

4．观察控件行列排布规律，结合使用 for 循环。

程序参考代码如下。

```
#导入 tkinter 模块
from tkinter import *
#实例化 tkinter 对象，创建顶级窗体
myform1=Tk() #实例化对象
myform1.title("用 Entry 控件-LJYBC 案例") #窗体的标题设置
myform1.geometry("400x200+100+50")
#设置窗体的宽度为 400 像素，高度为 200 像素，屏幕水平距离为 100 像素，垂直距离为 50 像素

lbl1=Label(myform1,text="人要有梦想：")
lbl1.grid(row=0,column=0)
#向窗体中添加 GUI 控件，并使用 grid 布局
for i in range(1,4):
    mylbl=Label(myform1,text=f"第{i}个梦想：")
```

```
    mylbl.grid(row=i,column=0,sticky="e")
    myEntry=Entry(myform1,text="")
    myEntry.grid(row=i,column=1,sticky="w")

#运行 GUI 循环，等待事件的交互
myform1.mainloop()
```

程序运行效果如图 9-10 所示：

图 9-10　Entry 控件效果

思维训练

例 9-1-3：Listbox 控件默认不显示滚动条，用 Scrollbar 控件增加滚动内部项目的功能。

【解题思路】

1．载入界面框架。

2．载入 Listbox 控件和 Scrollbar 控件。

3．为两个控件配置合适的大小和位置。

4．利用 Listbox 控件的 config()方法关联 Scrollbar 控件。

5．利用 Scrollbar 控件的 config()方法关联列表框控件。

程序参考代码如下。

```
#导入 tkinter 模块
from tkinter import *
#实例化 tkinter 对象，创建顶级窗体
myform1=Tk() #实例化对象
myform1.title("用 Scrollbar 控件-LJYBC 案例") #窗体的标题设置
myform1.geometry("400x300+100+50")
#设置窗体的宽度为 400 像素，高度为 300 像素，屏幕水平距离为 100 像素，垂直距离为 50 像素
#标签提示
mylbl=Label(myform1,text='中华民族优秀品德：')
mylbl.place(x=10,y=10)

morality="忠诚、诚信、勇敢、乐观、坚强、和平、友爱、团结、互助、进步、顾全大局、责任担当、奉献社会、自信、谦虚、求真、创新、协作"
moralitylist=morality.split("、")

#创建列表框
mylist=Listbox(myform1)
#录入项目
for mrlty in moralitylist:
```

```
    mylist.insert(END,mrlty)
#布局
mylist.place(x=10,y=35,height=200,width=100)
#创建 Scrollbar 控件，关联 Listbox 控件，使得两个控件相互关联
myscrllbr=Scrollbar(myform1)
myscrllbr.place(x=110,y=35,height=200)
#配置 Listbox 控件垂直方向滚动，与滚动条关联
mylist.config(yscrollcommand=myscrllbr.set)
#配置 Scrollbar 控件关联到 Listbox 的垂直方向视图
myscrllbr.config(command=mylist.yview)
#运行 GUI 循环，等待事件的交互
myform1.mainloop()
```

说明：该示例在录入项目时使用的 insert()方法的第一个参数是 END，这个参数表示在列表框的最后插入一个项目，这是录入数据时的一个技巧。END 是 tkinter 库中预定义的表示最后位置的关键词。Listbox 控件的 yview()方法是列表框控制垂直方向位置的一个方法，而 yscrollcommand 是 Listbox 控件的一个属性，用于让其与另一个控件关联起来。Scrollbar 控件的 set()方法用来控制滚动条的滚动位置。

注意：为了使 Listbox 控件与 Scrollbar 控件联动，必须在这两个控件上分别绑定对方，本示例使用了两个控件的 config()方法来实现绑定。

程序运行效果如图 9-11 所示。

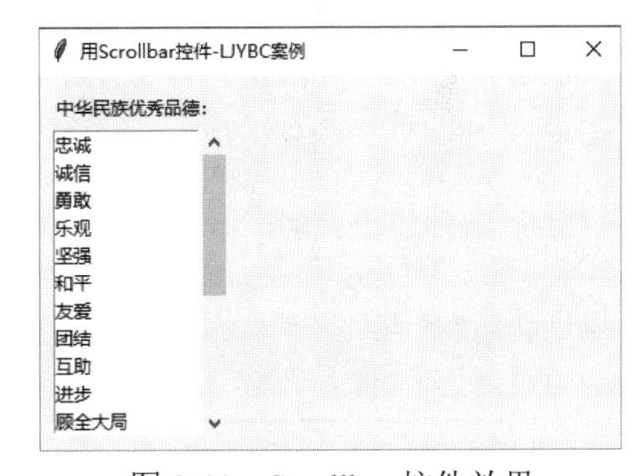

图 9-11　Scrollbar 控件效果

例 9-1-4：编写代码，为软件添加一个“关于”菜单项，用于介绍作者、软件、版本等信息。

【解题思路】

1．载入基本界面框架。
2．编写菜单事件的函数。
3．创建菜单工具栏。
4．创建子菜单。
5．编写关联菜单项的点击事件。

程序参考代码如下。

```
#导入 tkinter 模块
from tkinter import *
#实例化 tkinter 对象，创建顶级窗体
myform1=Tk() #实例化对象
```

```
myform1.title("用菜单控件-LJYBC案例") #窗体的标题设置
myform1.geometry("300x100+100+50")
#设置窗体的宽度为300像素，高度为100像素，屏幕水平距离为100像素，垂直距离为50像素

def author_click():
    print("显示作者信息")

def version_click():
    print("打印软件版本等信息")

#创建菜单工具栏
mymenubar=Menu(myform1)
#创建文件菜单
myfile=Menu(mymenubar)
#为菜单工具栏添加指定的显示文本及关联菜单
mymenubar.add_cascade(label="文件",menu=myfile)

#创建“关于”菜单
myabout=Menu(mymenubar)
#将“关于”菜单添加到菜单工具栏中
mymenubar.add_cascade(label='关于',menu=myabout)
#创建子菜单作者、软件、版本
mysoft=Menu(myabout) #软件子菜单
#将菜单添加到“关于”菜单中
myabout.add_command(label='作者',command=author_click) #叶子节点
myabout.add_cascade(label='软件',menu=mysoft) #添加子菜单
mysoft.add_command(label='版本',command=version_click) #叶子节点

#将菜单工具栏配置到窗体中
myform1.config(menu=mymenubar)
#运行GUI循环，等待事件的交互
myform1.mainloop()
```

说明： 该示例利用 add_cascade()方法分别创建一级菜单和二级菜单，无论是一级菜单还是二级菜单，每级子菜单的父容器都应该是上一级菜单的容器对象。菜单的最后一个节点往往称为叶子节点，一般使用 add_command()方法来添加，并用 command 属性指定相关的处理功能。最后使用窗体对象的 config()方法的 menu 属性，将菜单工具栏配置到窗体菜单中。

程序运行效果如图 9-12 所示。

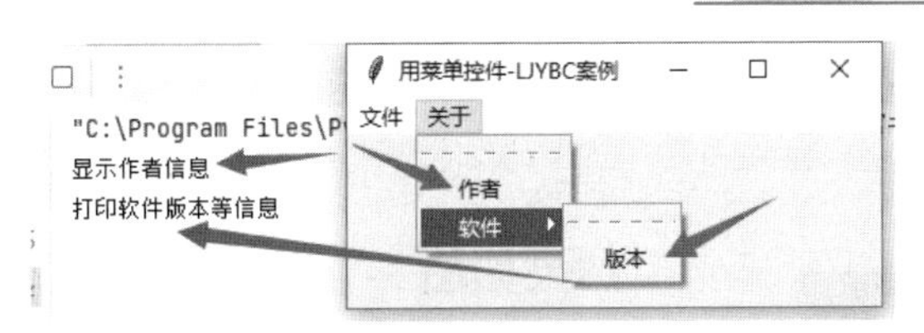

图 9-12　Menu 控件效果

9.2　可视化小游戏开发

Python 编程提供了经典的 2D 游戏开发库 pygame。利用该模块中预定义的方法和属性可以非常方便地开发交互性较强的可视化游戏，本节主要利用 pygame 库讲解小游戏的开发知识。

1. 认识 pygame 库

利用 pygame 库开发一个小游戏的基本步骤如下。

第一步：安装 pygame 库。

第二步：创建并显示游戏窗体。

第三步：初始化游戏控件和布局。

第四步：开发游戏业务逻辑。

第五步：绘制游戏界面。

第六步：更新和显示游戏界面。

第七步：事件和游戏的循环刷新。

（1）安装 pygame。

pygame 库是一个第三方库，目的是让开发者能够在一个基础代码框架上继续对该库进行二次开发并将其应用到自己的游戏业务逻辑中。因此在使用 pygame 库前必须先安装 pygame 模块。

安装 pygame 模块依旧可以通过 pip 命令快速实现，命令如下。

```
pip install pygame
```

在 cmd 管理员命令行界面中执行该命令，结果如图 9-13 所示。

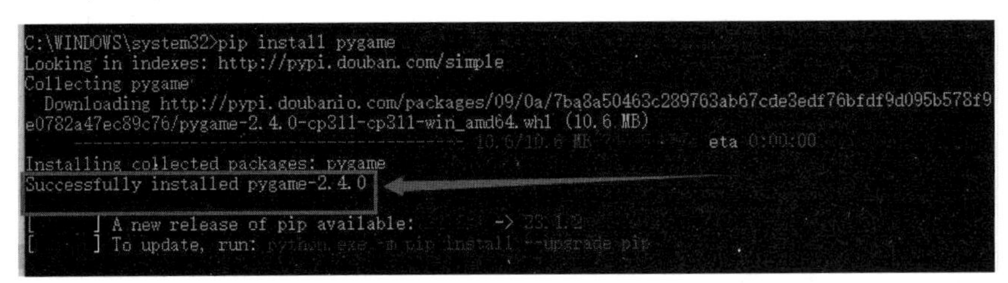

图 9-13　安装 pygame

在安装完成后，出现 Successfully 这个单词则代表 pygame 模块安装成功，使用以下命令查看 pygame 模块。

```
pip list
```

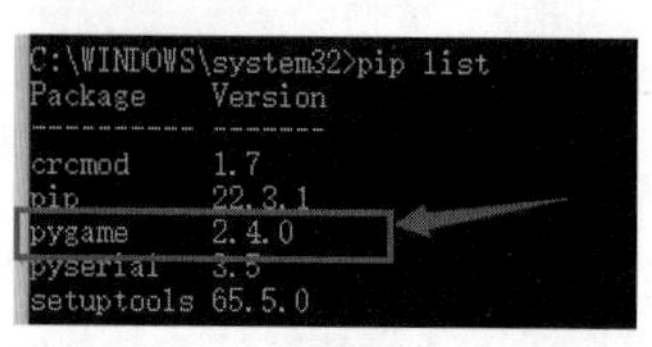

图 9-14　查看 pygame 模块

结果如图 9-14 所示。

（2）pygame 基本框架。

开发一个 pygame 游戏，首先需要编写游戏的基础框架代码，这个框架的主要作用是创建一个游戏窗体界面，然后循环等待用户与界面的交互事件，并执行相应的交互事件。

在 pygame 库中用得最多的是 Surface 对象，它是一个代表图像的对象。Surface 对象的功能非常强大，可以实现加载图像、裁剪图像、放大或缩小图像、渲染文本等功能。

按照之前介绍的小游戏开发的基本步骤，pygame 基本框架的代码如下。

```
#导入 pygame 模块
from pygame import *

#初始化 pygame 库
init()
#配置并初始化游戏窗体大小
game_width=400 #窗体宽度定义
game_height=300 #窗体高度定义
mygamefrm=display.set_mode((game_width,game_height)) #设置窗体
#配置窗体图标
myicon=image.load('ljylogo.ico') #获取图标对象
display.set_icon(myicon) #设置窗体图标
#设置游戏窗体标题
display.set_caption("我的游戏窗体--LJYBC 案例")
#设置游戏运行状态
running=True
#游戏核心循环代码
while running:
    #游戏事件监听
    for e in event.get(): #遍历游戏窗体上的所有事件
        if e.type==QUIT:    #检测到游戏窗体退出事件，也就是单击了窗体右上角的关闭按钮
            running=False   #设置游戏停止运行

    #渲染游戏场景，也就是绘制游戏界面
    #游戏背景默认为黑色，现在将它填充为白色
    mygamefrm.fill(color=(255,255,255))
```

```
    #加载游戏控件资源等逻辑代码
    pass
    #更新游戏界面
    display.flip()

#退出游戏
quit()
```

在执行基础框架代码后，结果如图 9-15 所示。

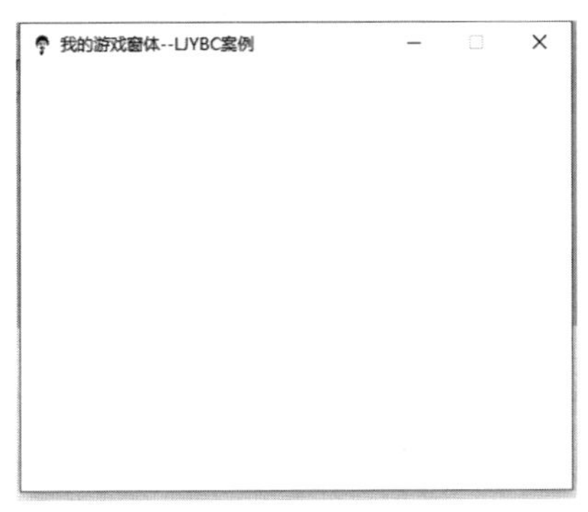

图 9-15　基本框架窗体

说明：

（1）在上述示例中使用 display.set_icon（图标）设置窗体图标的方法，“图标”参数是一个已经加载图片路径的 Surface 对象，不能直接在 set_icon()方法中使用。

（2）在上述示例中还使用 display.set_mode（窗体尺寸）设置窗体大小的参数，使用的是一个元组，而不是单独的宽、高参数。

（3）基本框架窗体的本质是用一个死循环不断重复添加新的图层以更新游戏画面，原理和 canvas 画布类似。

注意：在基本框架窗体的事件监听中，必须要有一个判断窗体退出的逻辑代码，即示例中的 e.type==QUIT，否则用户会无法关闭游戏窗体或造成窗体卡死。

2. 游戏开发中的常用模块

利用 pygame 库开发小游戏基本都是通过 surface 绘制图像和文本完成的，而没有像 tkinter 库中的控件。pygame 库中的常用模块和方法如表 9-10 所示。

表 9-10　pygame 库中的常用模块和方法

序　号	方　法	含　义
1	display.set_mode()	表示创建游戏窗体
2	display.set_caption()	表示设置窗体标题

续表

序　号	方　法	含　义
3	display.set_icon()	表示设置窗体图标
4	display.update() display.flip()	表示更新屏幕显示，刷新图像。但是 update()方法侧重局部更新，filp()方法侧重全局更新
5	draw.rect()	表示绘制矩形
6	draw.circle()	表示绘制圆形
7	draw.line()	表示绘制直线
8	draw.polygon()	表示绘制多边形
9	image.load()	表示加载图片
10	image.get_rect()	表示获取图片区域
11	Surface()	表示 surface 对象，用来管理图像
12	surface 对象.blit()	表示 surface 对象的绘制方法，一般都会绘制到另一个 surface 对象中
13	event.get()	表示获取所有事件列表
14	event.poll()	表示获取最新事件
15	event.wait()	表示等待事件
16	event.set_blocked()	表示添加或删除事件类型
17	mixer.Sound()	表示创建音效对象
18	mixer.music.load()	表示加载音乐文件
19	mixer.music.play()	表示开始播放音乐
20	mixer.music.stop()	表示停止音乐播放
21	time.Clock()	表示创建游戏时钟对象
22	clock 时钟对象.tick()	表示控制游戏帧率
23	time.delay()	表示游戏暂停一段时间
24	time.get_ticks()	表示获取 pygame 启动后经过的毫秒数

（1）常用图像绘制核心代码。

- 绘制矩形。

语法格式如下。

```
pygame.draw.rect(Surface, color, Rect, width=0)
```

参数含义如下。

Surface：表示要在哪个 Surface 对象上绘制矩形，传入 Surface 类型数据。

color：表示绘制矩形的颜色，传入元组类型数据。

Rect：表示绘制矩形的位置和大小，传入 Rect 类型数据，参数分别为 x 轴坐标、y 轴坐标、宽度、高度。

width：表示绘制矩形的边框，默认为 0，该参数可以省略。

核心代码示例如下。

```
#绘制矩形
draw.rect(mygamefrm,color=(0,0,255),rect=(50,30,80,90))
```

- 绘制圆形。

语法格式如下。

```
draw.circle(Surface, color, center, radius, width=0)
```

参数含义如下。

Surface：表示要在哪个 Surface 对象上绘制矩形，传入 Surface 类型数据。

color：表示绘制矩形的颜色，传入元组类型数据。

center：表示圆心的位置，传入元组类型数据，表示 x 轴、y 轴坐标。

radius：表示圆的半径大小。

width：表示圆的边框，默认为 0，可以省略。

绘制一个窗体水平距离为 200 像素、垂直距离为 150 像素、半径为 50 像素的蓝色圆形，效果如图 9-16 所示，核心代码示例如下。

```
#绘制圆形
draw.circle(mygamefrm,color=(0,0,255),center=(200,150),radius=50)
```

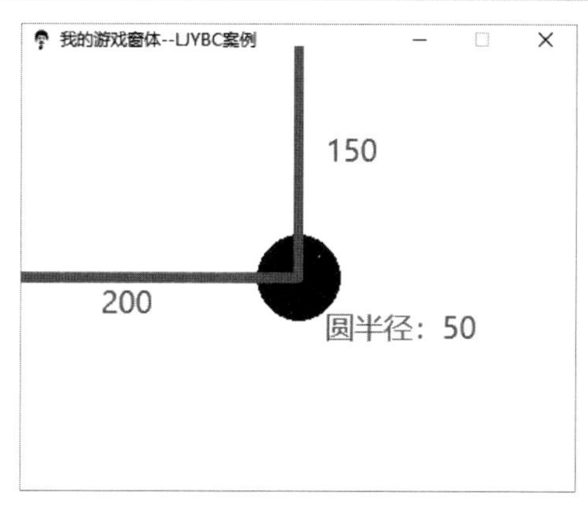

图 9-16　绘制圆形

- 绘制直线。

语法格式如下。

```
draw.line(Surface,color,start_pos,end_pos)
```

参数含义如下。

Surface：表示要在哪个 Surface 对象上绘制直线，传入 Surface 类型数据。

color：表示绘制直线的颜色，传入元组类型数据。

start_pos：表示起始坐标，传入元组类型数据。

end_pos：表示结束坐标，传入元组类型数据。

例如，绘制一条直线，示例代码如下。

```
#绘制直线
draw.line(mygamefrm,color=(0,0,255),start_pos=(10,20),end_pos=(100,200))
```

- 绘制多边形。

语法格式如下。

```
draw.polygon(Surface, color, points,width=0)
```

参数含义如下。

Surface：表示要在哪个 Surface 对象上绘制多边形，传入 Surface 类型数据。

color：表示绘制多边形的颜色，传入元组类型数据。

points：表示多个坐标点组成的列表类型数据，列表中的每个元素都是一个元组，这个元组表示坐标点。

width：表示多边形的边框，默认为 0，可以省略。

（2）载入图片与显示图片。

载入图片的语法格式如下。

```
image.load(图片路径)
```

显示图片的语法格式如下。

```
Surface 对象.blit(图片对象,dest=绘制坐标)
```

示例代码如下。

```
#载入图片
myimg=image.load('scar.PNG')
#显示图片
mygamefrm.blit(myimg,dest=(50,100))
```

（3）渲染文字。

利用 pygame 库输出文字的步骤如下。

第一步：初始化字体。

语法格式如下。

```
字体对象变量=font.Font(字体路径,字体大小)
```

示例代码如下。

```
myfont=font.Font(r'C:\Windows\Fonts\msyh.ttc',20)
```

第二步：准备需要渲染的文字。

语法格式如下。

```
surface 对象变量=字体对象变量.render(文本字符串,是否平滑,文字颜色)
```

示例代码如下。

```
mytxt = myfont.render(f'加载进度：{gameLoadPercent}%',True,(0,0,0)) #渲染进度文字
```

第三步：将文字绘制到 Surface 对象上。

语法格式如下。

```
surface 对象.blit(文字 Surface 对象，绘制位置坐标)
```

示例代码如下。

```
mygamefrm.blit(mytxt, (10, game_height / 2 - 30))
```

（4）时钟控制技术。

时钟控制是游戏开发和程序开发中常用的一种逻辑控制方式。时钟的本质是实现每隔一段时间执行一次指定代码的功能。在利用 pygame 库开发游戏时，可以通过 Clock 的 tick()函数控制程序动画运行的帧频，这样既可以减少系统处理的压力，提高程序运行效率，又可以通过帧频控制动画的行为。

pygame 库中的帧频指的是每秒运行几次代码。使用时钟控制技术，一般需要三个步骤。

第一步：实例化时钟对象。

语法格式如下。

```
时钟对象变量=time.Clock()
```

示例代码如下。

```
myclock=time.Clock()
```

第二步：控制游戏循环。

```
while running:
    pass
```

第三步：在循环内添加时钟帧频，以便控制循环。

语法格式如下。

```
时钟对象.tick(频率)
```

循环内的代码每秒运行 60 次，示例代码如下。

```
myclock.tick(60)
```

3. 常用事件及其应用

在利用 pygame 库开发游戏时常用到的事件如表 9-11 所示。

表 9-11　在利用 pygame 库开发游戏时的常用事件

序　号	事 件 名 称	含　义
1	QUIT	表示当用户关闭窗口或者按 Alt+F4 组合键时触发的事件
2	ACTIVEEVENT	表示当程序获得或失去焦点时触发的事件

续表

序　号	事 件 名 称	含　义
3	KEYDOWN KEYUP	表示当按下和释放按键时触发的事件
4	MOUSEMOTION	表示鼠标移动时触发的事件
5	MOUSEBUTTONDOWN MOUSEBUTTONUP	表示按下和释放鼠标时触发的事件
6	JOYAXISMOTION	表示当手柄的某个轴被改变时触发的事件
7	JOYBALLMOTION	表示当手柄的某个球被滚动时触发的事件
8	JOYHATMOTION	表示当手柄的帽子被转动时触发的事件
9	JOYBUTTONDOWN JOYBUTTONUP	表示当手柄的某个按钮被按下或释放时触发的事件
10	VIDEORESIZE	表示当窗体大小发生变化时触发的事件
11	VIDEOEXPOSE	表示当重新绘制窗体时触发的事件
12	USEREVENT	表示自定义事件类型，通过 event 创建和发送事件

表 9-11 中的事件是在利用 pygame 库开发游戏时常用到的事件，其他的事件可以通过 event.get()方法捕获和处理。

编程练习

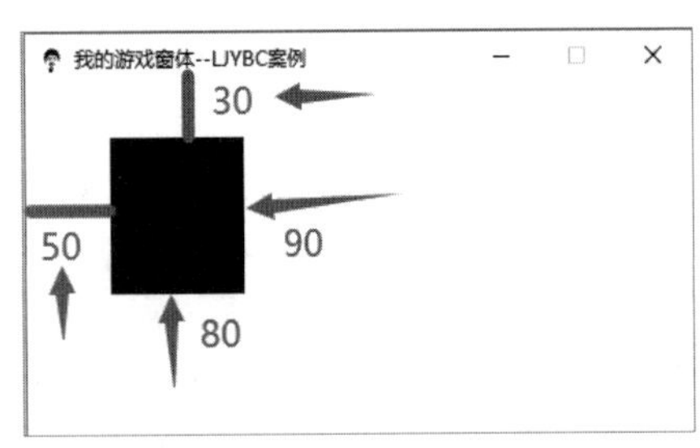

图 9-17　图形坐标和大小示意图

例 9-2-1：绘制一个距离窗体水平方向为 50 像素、垂直方向为 30 像素，宽度为 80 像素，高度为 90 像素的蓝色矩形，效果如图 9-17 所示。

【解题思路】

1．载入游戏基本框架。

2．利用 draw 类的 rect()方法绘制矩形。

3．颜色参数使用元组表示红、绿、蓝三色。

程序参考代码如下。

```
#导入 pygame 模块
from pygame import *

#初始化 pygame 库
init()
#配置并初始化游戏窗体大小
game_width=400  #窗体宽度定义
game_height=300 #窗体高度定义
mygamefrm=display.set_mode((game_width,game_height)) #设置窗体
```

```
#配置窗体图标
myicon=image.load('ljylogo.ico') #获取图标对象
display.set_icon(myicon) #设置窗体图标
#设置游戏窗体标题
display.set_caption("我的游戏窗体--LJYBC 案例")
#设置游戏运行状态
running=True
#游戏核心循环代码
while running:
    #游戏事件监听
    for e in event.get(): #遍历游戏窗体上的所有事件
        if e.type==QUIT:  #检测到游戏窗体退出事件，也就是单击了窗体右上角的关闭按钮
            running=False #设置游戏停止运行

    #渲染游戏场景，也就是绘制游戏界面
    #游戏背景默认为黑色，现在将它填充为白色
    mygamefrm.fill(color=(255,255,255))
    #加载游戏控件资源等逻辑代码
    #绘制矩形
    draw.rect(mygamefrm,color=(0,0,255),rect=(50,30,80,90))
    #更新游戏界面
    display.flip()

#退出游戏
quit()
```

程序运行效果如图 9-18 所示。

图 9-18　游戏窗体效果（1）

例 9-2-2：绘制一条起始坐标为（10,20）、结束坐标为（100,200）的蓝色直线。

【解题思路】

1．载入游戏基本框架。

2．利用 fill()方法，将界面背景色填充为白色。

3．利用 draw 类的 line()方法绘制直线。

程序参考代码如下。

```
#导入 pygame 模块
from pygame import *

#初始化 pygame 库
```

```
init()
#配置并初始化游戏窗体大小
game_width=400 #窗体宽度定义
game_height=300 #窗体高度定义
mygamefrm=display.set_mode((game_width,game_height)) #设置窗体
#配置窗体图标
myicon=image.load('ljylogo.ico') #获取图标对象
display.set_icon(myicon) #设置窗体图标
#设置游戏窗体标题
display.set_caption("我的游戏窗体--LJYBC 案例")
#设置游戏运行状态,
running=True
#游戏核心循环代码
while running:
    #游戏事件监听
    for e in event.get(): #遍历游戏窗体上的所有事件
        if e.type==QUIT:  #检测到游戏窗体退出事件，也就是单击了窗体右上角的关闭按钮
            running=False #设置游戏停止运行

    #渲染游戏场景，也就是绘制游戏界面
    #游戏背景默认为黑色，现在将它填充为白色
    mygamefrm.fill(color=(255,255,255))
    #加载游戏控件资源等逻辑代码
    #绘制直线

draw.line(mygamefrm,color=(0,0,255),start_pos=(10,20),end_pos=(100,200))
    #更新游戏界面
    display.flip()

#退出游戏
quit()
```

程序运行结果如图 9-19 所示：

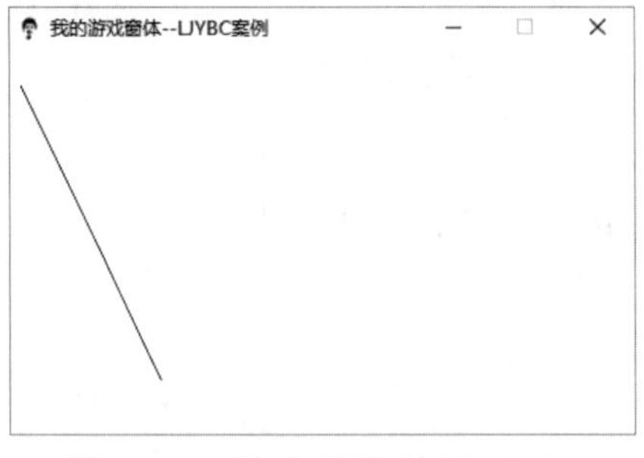

图 9-19　游戏窗体效果（2）

思维训练

例 9-2-3：载入一张小车图片，将图片绘制到起始坐标为（50,100）的坐标轴中。参考效果如图 9-20 所示。

图 9-20　游戏窗体参考效果（1）

【解题思路】

1．载入游戏基本框架。

2．利用 image 类的 load()方法载入图标并配置到窗体中。

3．利用 blit()方法显示图片。

4．利用 flip()方法更新图片。

程序参考代码如下。

```
#导入 pygame 模块
from pygame import *

#初始化 pygame 库
init()
#配置并初始化游戏窗体大小
game_width=400 #窗体宽度定义
game_height=300 #窗体高度定义
mygamefrm=display.set_mode((game_width,game_height)) #设置窗体
#配置窗体图标
myicon=image.load('ljylogo.ico') #获取图标对象
display.set_icon(myicon) #设置窗体图标
#设置游戏窗体标题
display.set_caption("我的游戏窗体--LJYBC 案例")
#设置游戏运行状态
running=True
#游戏核心循环代码
while running:
    #游戏事件监听
    for e in event.get(): #遍历游戏窗体上的所有事件
        if e.type==QUIT:  #检测到游戏窗体退出事件，也就是单击了窗体右上角的关闭按钮
            running=False #设置游戏停止运行

    #渲染游戏场景，也就是绘制游戏界面
    #游戏背景默认为黑色，现在将它填充为白色
    mygamefrm.fill(color=(255,255,255))
    #加载游戏控件资源等逻辑代码
```

```
    #载入图片
    myimg=image.load('scar.PNG')
    #显示图片
    mygamefrm.blit(myimg,dest=(50,100))
    #更新游戏界面
    display.flip()

#退出游戏
quit()
```

程序运行效果如图 9-21 所示。

图 9-21　游戏窗体效果（3）

例 9-2-4：绘制一个蓝色多边形，第一个坐标为（10,10），第二个坐标为（100,10），第三个坐标为（100，200），参考效果如图 9-22 所示。

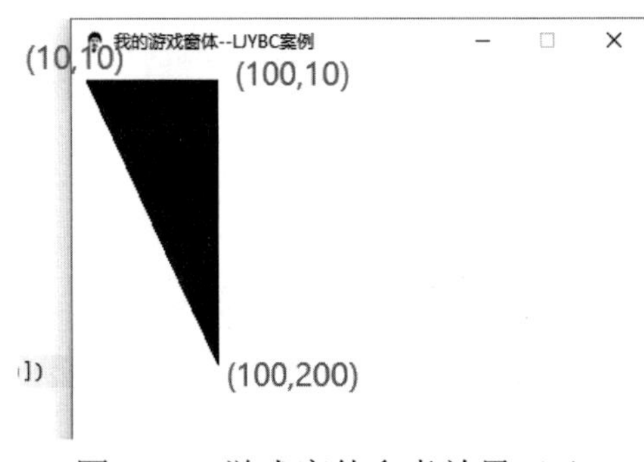

图 9-22　游戏窗体参考效果（2）

【解题思路】

1. 加载游戏基本框架，使界面能正常显示。

2. 使用 fill()方法填充游戏背景色为白色。

3. 正确使用 polygon()方法，加载颜色和坐标参数，核心代码如下。

```
#绘制多边形
draw.polygon(mygamefrm,color=(0,0,255),points=[(10,10),(100,10),(100,200)])
```

程序参考代码如下。

```
#导入 pygame 模块
from pygame import *

#初始化 pygame 库
init()
```

```
#配置并初始化游戏窗体大小
game_width=400 #窗体宽度定义
game_height=300 #窗体高度定义
mygamefrm=display.set_mode((game_width,game_height)) #设置窗体
#配置窗体图标
myicon=image.load('ljylogo.ico') #获取图标对象
display.set_icon(myicon) #设置窗体图标
#设置游戏窗体标题
display.set_caption("我的游戏窗体--LJYBC 案例")
#设置游戏运行状态,
running=True
#游戏核心循环代码
while running:
    #游戏事件监听
    for e in event.get(): #遍历游戏窗体上的所有事件
        if e.type==QUIT:  #检测到游戏窗体退出事件，也就是单击了窗体右上角的关闭按钮
            running=False #设置游戏停止运行

    #渲染游戏场景，也就是绘制游戏界面
    #游戏背景默认为黑色，将它填充为白色
    mygamefrm.fill(color=(255,255,255))
    #加载游戏控件资源等逻辑代码
    #绘制多边形
    # 绘制多边形
    draw.polygon(mygamefrm, color=(0, 0, 255), points=[(10, 10), (100, 10),
(100, 200)])
    #更新游戏界面
    display.flip()

#退出游戏
quit()
```

9.3 数据可视化开发

当今世界处于一个数据为王的时代，而数据的管理需要依赖数据库，因此开发者对数据库的操作能力决定了他的软件开发能力。本节介绍 sqlite 数据库的可视化应用，利用 Excel 可视化数据进行读写，以及利用 matplotlib 库对数据图形化。

1. sqlite 数据库基础

sqlite 数据库是一个经典的本地轻量级关系型数据库，目前大多使用第三

个版本，即 sqlite3。在 sqlite 数据库中既可以使用命令行管理工具，又可以使用 sqlitestudio 可视化数据管理工具。操作关系型数据库的核心是学会用 sql 脚本命令进行增删改查。

（1）使用 sqlite3 命令行工具管理数据库。

sqlite3 命令行工具主要通过命令提示符进入数据库文件，是一种操作数据表和数据的数据库管理工具。该工具是免费开源的，读者可以到官网中下载。

- 在线下载与组合 sqlite3 命令行工具。

sqlite3 命令行工具有不同的版本，这些版本主要根据不同的操作系统类型分类，即该工具是可以跨平台使用的。sqlite3 的下载页面如图 9-23 所示。

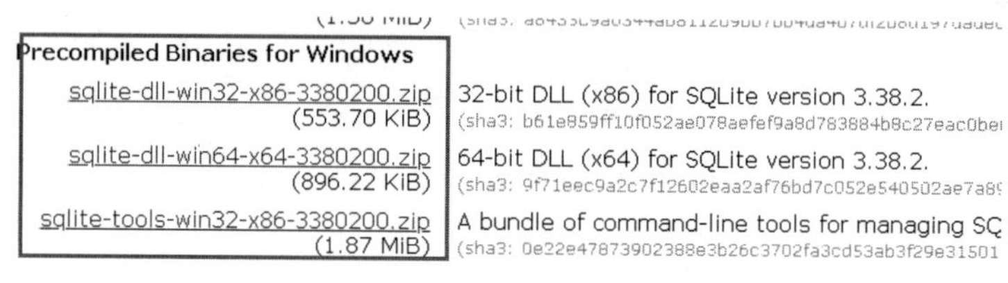

图 9-23　sqlite3 的下载页面

名称
sqlite3.def
sqlite3.dll
sqlite3.exe

图 9-24　文件夹

用户可以根据自己的操作系统选择适合的版本，本书使用的操作系统是 Window10-64 位专业版，采用 sqlite-dll-win64-x64 压缩包中的“sqlite3.def”“sqlite3.dll”和以 sqlite-tools-win32-x86 开头的压缩包中的“sqlite3.exe”文件，把这三个文件放到同一个文件夹中，如图 9-24 所示。

- 使用 sqlite3 打开进入数据库文件。

使用 sqlite3 打开数据库的步骤如下。

第一步：切换命令行到 sqlite3 命令行工具中。（如果配置了环境变量，则省略该步骤。）

使用 pushd 命令实现切换，语法格式如下。

```
pushd 路径\sqlite
```

第二步：使用 sqlite3 命令行工具打开或创建数据库。

例如，创建一个 ljydb.sqlite3 数据库，代码如下。

```
sqlite3 ljydb.sqlite3
```

注意：

（1）如果没有在创建数据库的同时创建表，则该数据库默认不会被创建。

（2）如果 ljydb.sqlite3 数据库文件已经存在，那么该命令只能打开并进入这个数据库。

第三步：创建数据表。

创建数据表的语法格式如下。

```
create table 表名称（字段名1 字段类型 约束条件，字段名2 字段类型 约束条件…）；
```

注意：每一个 sql 语句的最后都需要加一个英文半角分号，表示这个语句的结束。

例如，使用 sql 语句创建一个课程表（course），数据有课程编号（cid）、课程名称（cname），代码如下。

```
create table course(cid int not null primary key,cname varchar(20) not null);
```

说明：

（1）课程表的 cid 字段不能为空，作为表的主键；cname 字段为可变长度，最长输入 20 个字符且不能为空。

（2）主键用来表示字段的数据记录是唯一的，可以是一个，也可以由多个组成，用 primary key 表示。

（3）int 表示字段为整数类型。

（4）varchar（数据长度）表示可变长度数据类型，后面的数值表示最多可以输入的字符个数。

（5）not null 表示不能为空，在录入数据时，对应的字段中必须要有数据，注意空字符串也表示数据。

第四步：使用.tables 命令查看创建的数据表。

查看刚刚创建的数据表 course，命令如下。

```
sqlite> .tables
course    #这条为数据库反馈的结果，代表当前有一个数据表为 course
```

在创建完数据表后，相应的目录下也会生成数据库文件“ljydb.sqlite3”。

注意：在创建数据库时可以指定不同的数据库文件路径，但最好将数据库文件路径加上双引号，防止路径中出现空格。

- 数据库帮助命令。

当看到图 9-25 所示的界面时，说明已经成功进入指定的数据库文件了，根据提示使用.help 命令来查看 sqlite 所有的管理命令，注意在使用命令后会看到很多命令及其解释。

```
sqlite> .help
.archive ...              Manage SQL archives
.auth ON|OFF              Show authorizer callbacks
.backup ?DB? FILE         Backup DB (default "main") to FILE
.bail on|off              Stop after hitting an error.  Default OFF
.binary on|off            Turn binary output on or off.  Default OFF
.cd DIRECTORY             Change the working directory to DIRECTORY
.changes on|off           Show number of rows changed by SQL
.check GLOB               Fail if output since .testcase does not match
.clone NEWDB              Clone data into NEWDB from the existing database
.connection [close] [#]   Open or close an auxiliary database connection
.databases                List names and files of attached databases
.dbconfig ?op? ?val?      List or change sqlite3_db_config() options
.dbinfo ?DB?              Show status information about the database
.dump ?OBJECTS?           Render database content as SQL
.echo on|off              Turn command echo on or off
.eqp on|off|full|...      Enable or disable automatic EXPLAIN QUERY PLAN
.excel                    Display the output of next command in spreadsheet
.exit ?CODE?              Exit this program with return-code CODE
.expert                   EXPERIMENTAL. Suggest indexes for queries
```

图 9-25　.help 命令结果

- sqlite 数据库简单管理。

```
sqlite> .dbinfo
database page size:  4096
write format:        1
read format:         1
reserved bytes:      0
file change counter: 31
database page count: 32
freelist page count: 0
schema cookie:       66
schema format:       4
default cache size:  0
autovacuum top root: 0
incremental vacuum:  0
text encoding:       1 (utf8)
user version:        0
application id:      0
software version:    3021000
number of tables:    11
number of indexes:   18
number of triggers:  0
number of views:     0
schema size:         4129
data version         9
sqlite>
```

图 9-26　.dbinfo 命令结果

在实际应用中，一般只使用几条命令，主要用来查询数据表及其定义，以及对表中的数据进行增删改查。常用命令如下。

常用命令 1：查询当前数据库的有关信息。

使用命令.dbinfo，结果如图 9-26 所示。

常用命令 2：查询表的结构和字段类型。

使用.schema 命令，默认会输出当前数据库中所有表的结构信息。如果在这条命令的后面加上某个表的名称，则只显示这个表的结构信息。例如，显示数据表 course 的结构信息，如图 9-27 所示。

```
sqlite> .schema course
CREATE TABLE course(cid int not null primary key,cname varchar(20) not null);
```

图 9-27　.schema 命令结果

常用命令 3：查询表的结构和记录。

使用.dump 命令输出表的结构信息及插入的所有数据，使用方法类似于.schema 命令，只是输出结果中多了数据库录入的记录信息。

为了能看到录入数据的效果，现在向数据表 course 中插入以下数据。

```
课程编号（cid）为 1，课程名称（cname）为 政治思想。
```

录入数据的 sql 语句如下。

```
insert into course(cid,cname) values(1,'政治思想');
```

说明：

（1）该语句使用 insert into 语法录入数据，在后面会详细介绍。

（2）由于课程编号 cid 为 int 类型，是一个数值，因此在参数中可以直接输入 1。

（3）由于课程名称 cname 为 varchar 类型，是一个字符串，因此在录入数据时，需要将文本两边加入单引号，这也是 sql 语句的语法。

现在可以使用.dump 命令查询数据表 course 的结构和数据了，结果如图 9-28 所示。

```
sqlite> .dump course
PRAGMA foreign_keys=OFF;
BEGIN TRANSACTION;
CREATE TABLE course(cid int not null primary key,cname varchar(20) not null);
INSERT INTO course VALUES(1,'政治思想');
COMMIT;
```

图 9-28　.dump 命令结果

（2）使用 SQLiteStudio 管理 sqlite 数据库。

SQLiteStudio 是一款可以对 sqlite 数据进行可视化操作的数据库管理工具。本书使用 SQLiteStudio-3.3.3 版本来管理数据库，读者可到官网中下载该软件。

- 下载 SQLiteStudio 工具。

由于该工具是开源、跨平台的，因此也可以在 GitHub 中找到下载链接。本书使用谷歌浏览器访问 SQLiteStudio 官网进行下载，如图 9-29 所示。

图 9-29　下载 SQLiteStudio

下载后的压缩包文件为“sqlitestudio-3.3.3.zip”，在将其解压缩后，找到目录文件路径“sqlitestudio-3.3.3\SQLiteStudio\SQLiteStudio.exe”。

由于本书下载的是 Windows 版本的软件，所以可以直接双击“SQLiteStudio.exe”打开软件。

- 装载数据库文件。

使用 SQLiteStudio 装载 ljydb.sqlite3 数据库。整个操作过程比较简便，按照以下步骤进行即可。

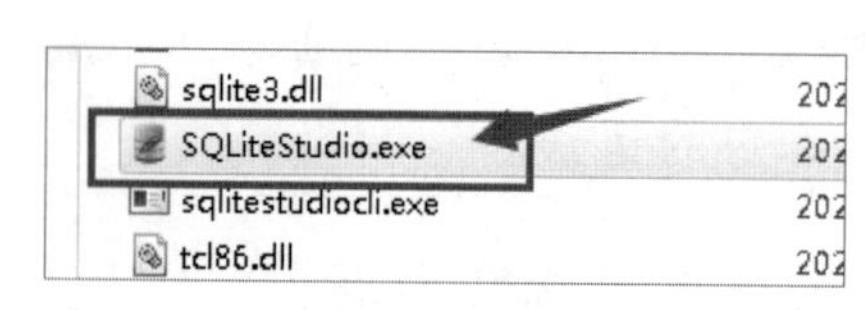

图 9-30　双击“SQLiteStudio.exe”

第一步：打开软件。

在解压缩后的“SQLiteStudio”文件夹中双击“SQLiteStudio.exe”打开软件，如图 9-30 所示。

第二步：添加数据库文件。

单击软件左上角的“Database”按钮，选择“Add a database”选项，如图 9-31 所示，或者直接按 Ctrl+O 组合键打开“数据库”对话框，如图 9-32 所示。

第三步：选择数据库文件并测试连接。

将数据类型设置为 SQLite 3，文件设置为使用 sqlite3 命令行工具创建的数据库文件“ljydb.sqlite3”，单击“测试连接”按钮，出现小绿勾则代表数据库连接成功，最后单击“OK”按钮完成数据库文件的装载，如图 9-32 所示。

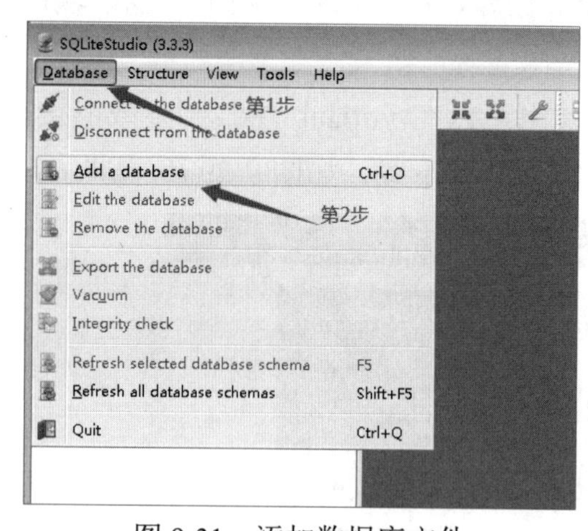

图 9-31　添加数据库文件

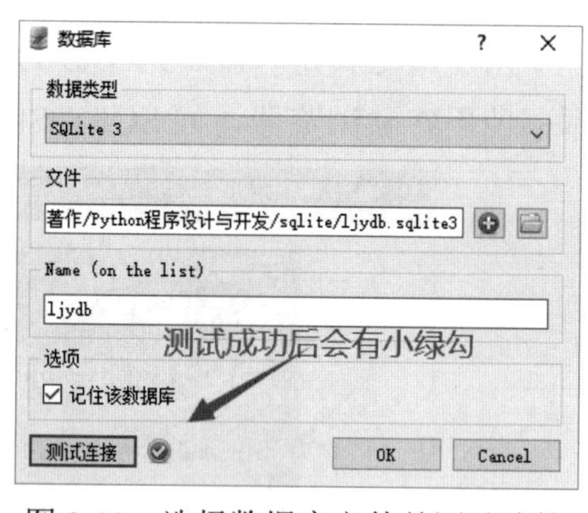

图 9-32　选择数据库文件并测试连接

- 查看表结构和数据。

在连接好数据库文件后，若想要查看数据库中的表等信息，则只需要双击数据库名称即可，如图 9-33 所示。

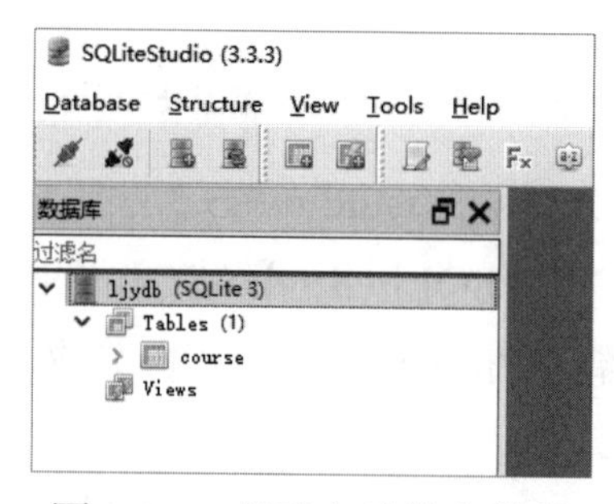

图 9-33　查看表结构和数据

以 course 表的数据结构为例，只需要双击 course 表，即可显示该表对应的数据结构，如图 9-34 所示。

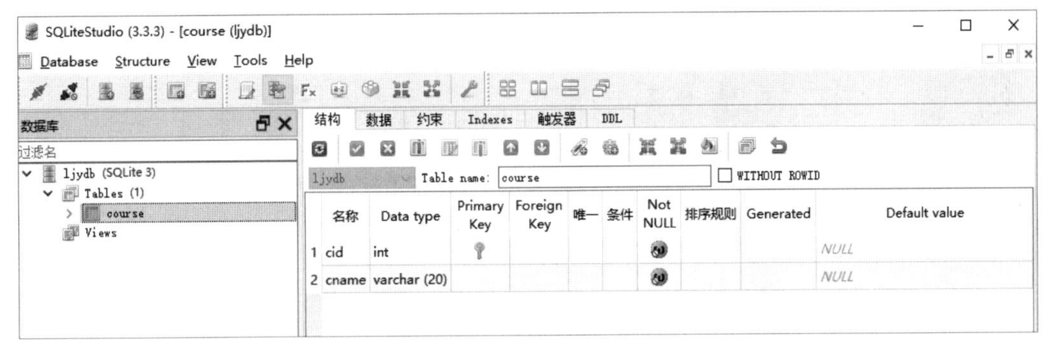

图 9-34 查看表的结构

在图 9-34 中可以看到，course 表按照列名依次显示了名称、Data type（数据类型）、Primary Key（主键）、Foreign Key（外键）、唯一、条件、Not Null（是否不为 Null）、排序规则、Generated（生成）、Default value（默认值）。

在实际开发中，常常要通过查看一个表中的数据来检验程序开发过程中增删改查的正确性。只需选择“数据”选项，即可查看表中的数据，如图 9-35 所示。

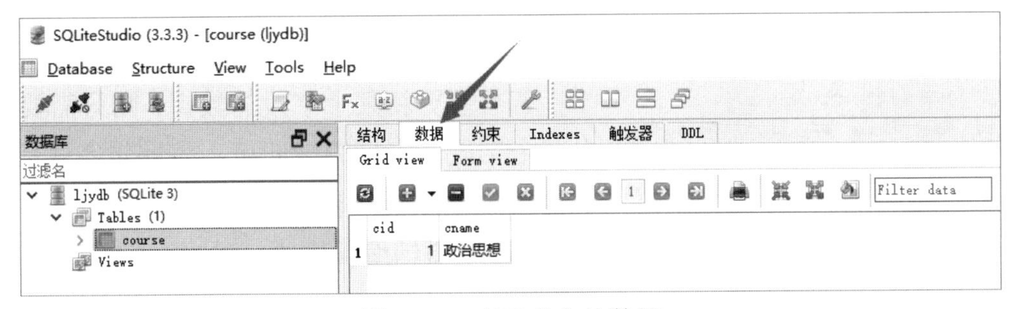

图 9-35 查看表中的数据

此外，在“数据”选项中还可以看这个数据表的约束、Indexes（索引）、触发器及 DDL（表的创建 sql 语句）。

- 可视化的增删改查。

利用 SQLiteStudio 工具可以对数据表和数据进行增删改查操作。

操作 1：添加数据。

单击“ ”按钮，创建一条新的数据，课程编号为 2，课程名称为“Python 编程”。在创建好后单击“ ”按钮，把新建的数据提交给数据库，才能算是完成一条数据的提交。单击“ ”按钮，可以看到该数据表中的最新数据情况，如图 9-36 所示。

操作 2：删除数据。

使用 SQLiteStudio 工具删除数据，只需要先选择数据，再单击“ ”按钮，如图 9-37 所示，然后单击“ ”按钮，提交删除指令。若操作错误，则可以单击“ ”按钮，撤销删除操作。

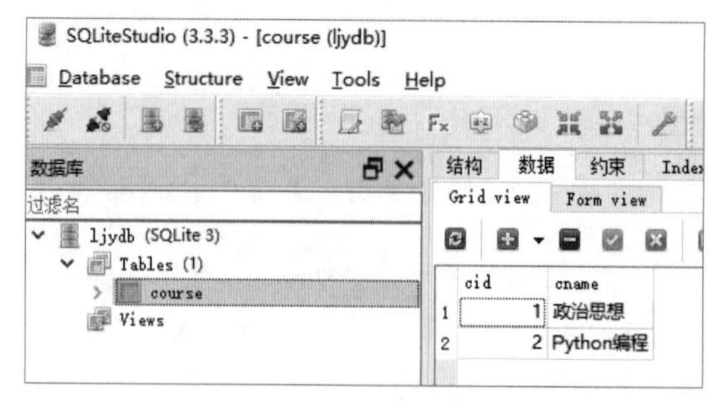

图 9-36　刷新数据表

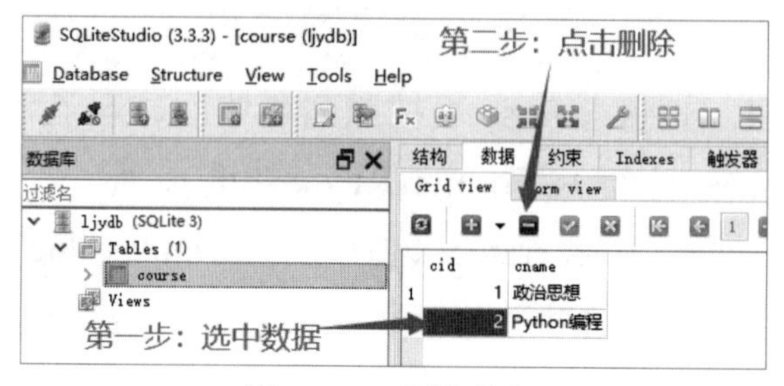

图 9-37　删除数据

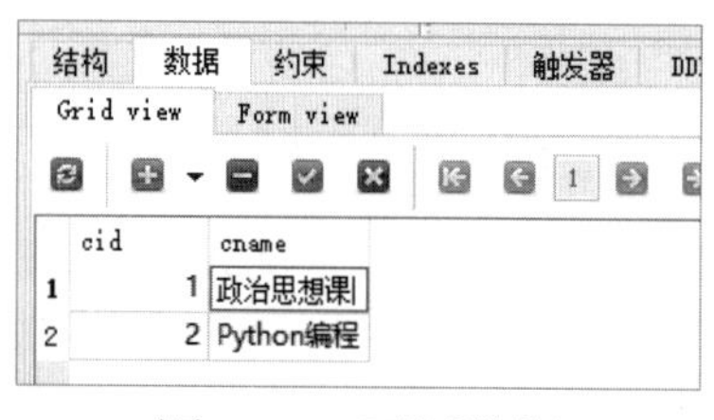

图 9-38　更新数据

操作 3：更新数据。

若想要更新某个字段的数据，则只需要单击某个字段，直接编辑即可，待编辑完成后，单击“ ”按钮，将编辑的数据更新到数据库中，如果要撤销编辑操作，则单击“ ”按钮，如图 9-38 所示。

平时使用比较多的还是自定义的 sql 语句查询，便于对数据进行查看、汇总、批量修改或删除等操作。单击“ ”按钮打开 SQL 脚本语句编辑器，输入 sql 查询语句，单击“运行”按钮即可运行 sql 语句，如图 9-39 所示。

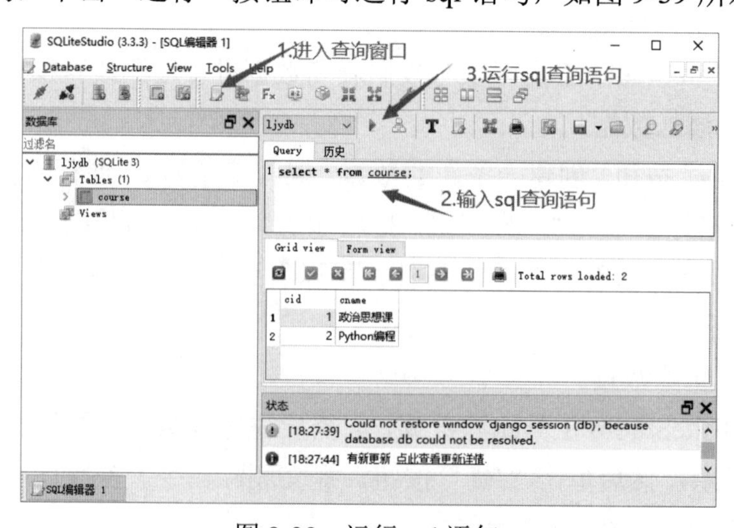

图 9-39　运行 sql 语句

（3）sqlite 数据库常用的 SQL 脚本。

无论是桌面端软件开发、网站开发还是移动 APP 开发，要想做好一个较为友好、完善的软件系统，都离不开数据库。常用的数据库操作是对数据表的增删改查，而进行增删改查时最常用的是 SQL 脚本语句。

所谓 SQL 脚本语句，简单理解就是一种用来对数据库进行命令化操作的实用脚本语言，能够帮助开发者简化与数据库的交互。SQL 也叫作结构化查询语言，英文全称为 Structured Query Language。

数据库的操作语言主要分为数据定义语言（DDL）、数据操纵语言（DML）、数据查询语言（DQL）、数据控制语言（DCL）、事务控制语言（TCL）。接下来着重对数据操纵语言和数据查询语言进行介绍。

- create table 语句：用户信息表的创建。

使用 sql 语句创建数据表，在这里以创建一个简单的用户表为例。用户信息表如表 9-12 所示。

表 9-12　用户信息表

用户编号	账　号	密　码	真实姓名	性　别	年　龄
1001	test	123	测试	男	30
1002	ljy	666	老刘	男	40
1003	zhangsan	Vb	张三	女	20

在创建一个数据表之前，一般要先分析表中各个字段的类型。在数据库中，由于数值类型、文本类型用得比较多，因此本节只采用这两种类型来创建数据表，其他数据类型还有日期型、布尔类型、浮点型等。用户信息表分析如表 9-13 所示。

表 9-13　用户信息表分析

字段（表头）	分　析
用户编号	都是数字，可以使用数值类型
账号	一般由字母、数字组成，可以使用文本类型
密码	一般由字母、数字、符号组成，可以使用文本类型
真实姓名	使用文本类型
性别	可以用数值类型或布尔类型区分，在这里使用文本类型
年龄	数值类型

此外，在数据库中，如果使用数值类型，那么可以直接在 sql 语句中比较出数值大小，在做查询筛选操作（DQL）时非常方便！而使用文本类型的数据字段，可以通过关键词包含等方式进行匹配，也可以帮助开发者对数据记录进

行筛查。

根据对用户信息表的分析，制作一个用户信息表数据字典，如表 9-14 所示。

表 9-14 用户信息表数据字典

字 段	类 型	备 注
userID	integer	用户编号，主键，不能为空
username	varchar(50)	账号，不能为空
password	varchar(50)	密码，不能为空
truename	varchar(50)	真实姓名，不能为空
sex	varchar(50)	性别，不能为空
age	integer	年龄，不能为空

接下来对用户信息表中出现的两个数据类型做简单介绍。

integer 类型：该类型与之前创建课程表时使用的 int 类型是一样的，这类数值是可以在正则表达式中做比较的，但要注意的是，这类数值的范围是有限的，其范围是-9223372036854775808～+9223372036854775807。

varchar(50)：它表示最大数据长度是 50 的字符串，数据长度可以根据实际需要进行修改。在 sqlite 数据库中，这个类型本质上是 text（文本）存储类。

创建用户信息表的 sql 语句格式如下。

```
create table 表名字(字段名字 字段类型 是否为空)
```

创建用户信息表的语句如下。

```
create table userInfo(userID integer primary key,username varchar(50) not
null,password varchar(50) not null,truename varchar(50) not null,sex
varchar(50) not null,age varchar(50) not null);
```

上述语句的第一个字段 userID 的后面有一个 primary key，表示将这个字段作为这个数据表的主键。其他字段的数据类型后面的 not null 表示不能为空。

为了便于进行数据可视化操作，开发者可以直接使用 SQLiteStudio 工具辅助数据表的操作。

下面分步骤讲解如何创建用户信息表。

第一步：利用创建表的命令直接在 SQLiteStudio 工具中创建用户信息表，如图 9-40 所示。

第二步：打开数据库，查看表的数据结构，如图 9-41 所示。

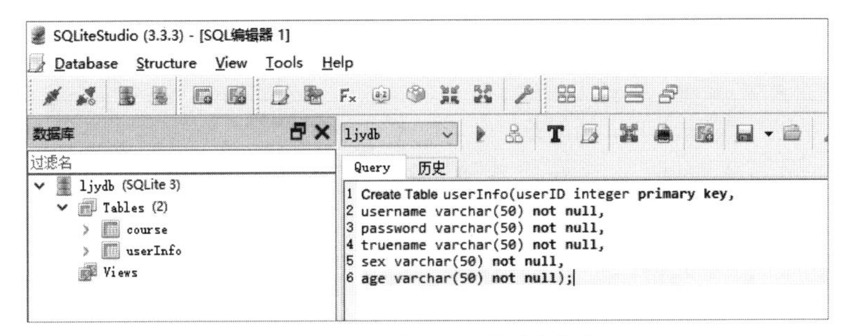

图 9-40　用 sql 语句创建表

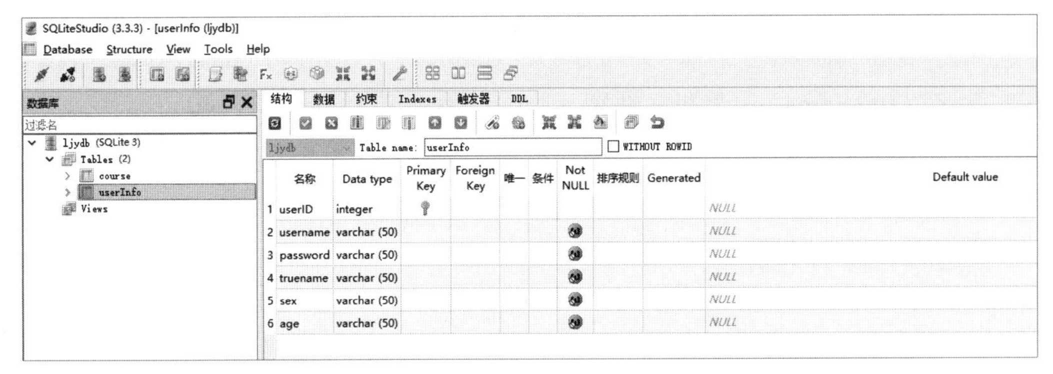

图 9-41　查看表的数据结构

🗝说明：以上步骤都可以使用 sqlite3 命令行工具执行，结果也是可以看到的。

- insert 语句：用户信息表的数据录入。

以录入用户信息为例讲解 insert 语句，该语句主要通过 sql 脚本的方式向数据库中录入指定的数据。在录入数据时主要有两种格式（注意单词之间含有空格，符号使用英文半角）。

```
insert into 表名 values(字段 1 的值,字段 2 的值,字段 3 的值…);
insert into 表名(字段 1,字段 2,字段 3…) values(字段 1 的值,字段 2 的值,字段 3 的值…);
```

使用第一种格式录入以下数据，可以直接在 SQLiteStudio 工具中录入，如图 9-42 所示。

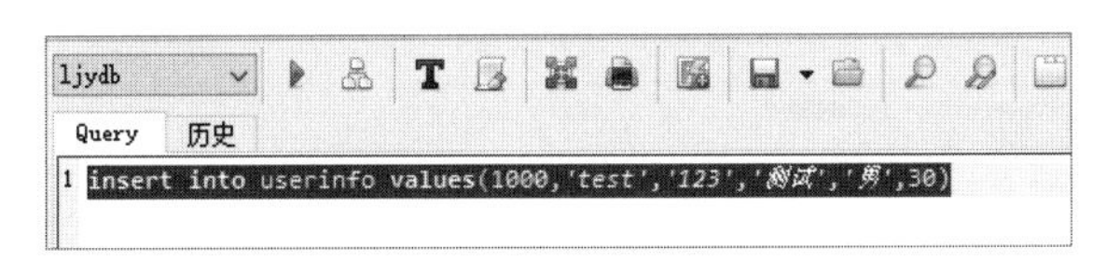

图 9-42　向表中录入数据

用户编号（userID）：1000，账号（username）：test，密码（password）：123，真实姓名（truename）：测试，性别（sex）：男，年龄（age）：30。

双击 userInfo 表，选择“数据”选项就可以看到相应的数据了，如图 9-43 所示。

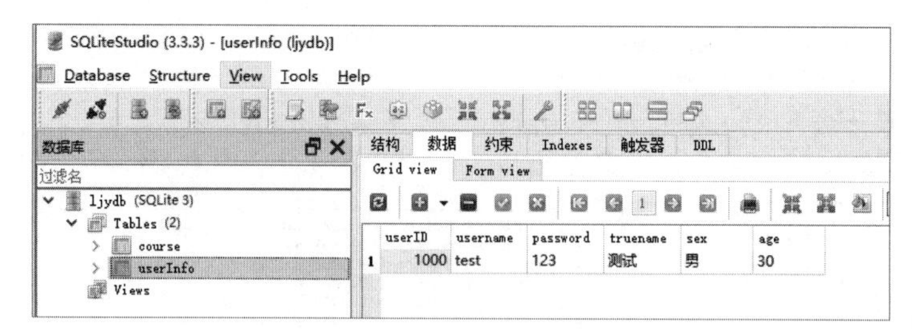

图 9-43　查看录入的数据

使用第二种格式录入以下数据。

用户编号（userID）：1001，账号（username）：ljy，密码（password）：1234，真实姓名（truename）：老刘，性别（sex）：女，年龄（age）：40。

sql 语句如下。

```
insert into userinfo values(1001,'ljy','1234','老刘','女',40)
```

查看表中所有的数据，如图 9-44 所示。

	userID	username	password	truename	sex	age
1	1000	test	123	测试	男	30
2	1001	ljy	1234	老刘	女	40

图 9-44　查看表中所有的数据

- select 语句：用户信息表的数据查询。

在程序开发的过程中，数据查询、汇总使用较多的是 select 语句。虽然使用 SQLiteStudio 工具也可以查看数据，但是这种查看方法还不够灵活，此时需要使用 select 语句。最简单的 select 语句格式如下。

```
select 字段 1,字段 2,字段 3… from 表名
```

这是一句非常基础的 select 语句，如果想要查询表中的所有字段，那么可以简写为以下格式。

```
select * from 表名
```

这里使用星号（*）代替了所有字段，查询结果如图 9-45 所示。

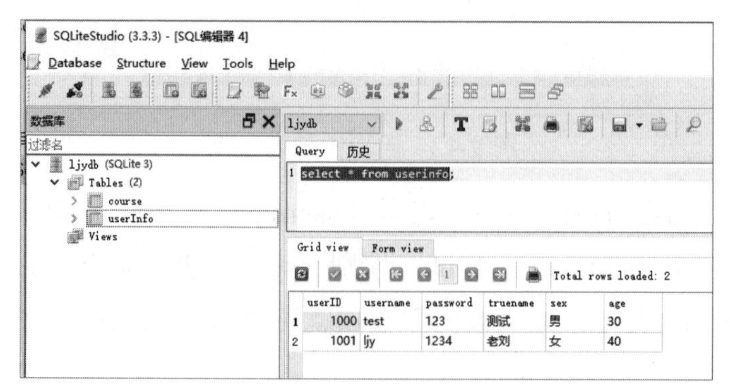

图 9-45　用 sql 语句查看表中的所有数据

当然，在实际的查询过程中，往往会对字段或者符合条件的数据筛选进行。

如果只想显示用户编号和用户姓名，则可以使用这两个字段来查询，如图 9-46 所示。

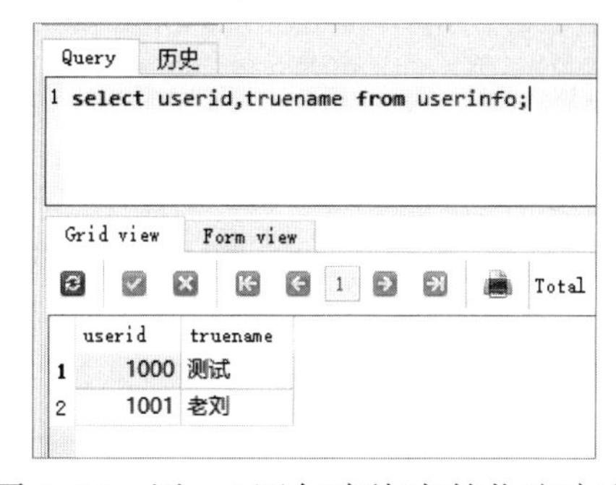

图 9-46 用 sql 语句查询表的指定字段

如果只想显示性别是“男”的用户信息，则需要联合 where 语句进行数据筛选。

where 语句一般可以与 select 语句、update 语句、delete 语句联合使用，对指定的数据进行查询、更新或者删除等操作。where 语句的格式如下。

```
where 字段名称='值'
```

where 语句的用法还有很多种，示例如下。

```
where 字段名称>值
```

where 语句后面跟的是条件表达式，而条件表达式有数据比较、数据包含、模糊匹配的表示形式。如果在 where 语句的后面有多个条件，则可以采用 and 或者 or 来连接多个条件表达式。其中 and 表示多个条件表达式筛选得到的数据交集，or 表示数据并集。

例如，筛选性别为“男”的用户信息，如图 9-47 所示。

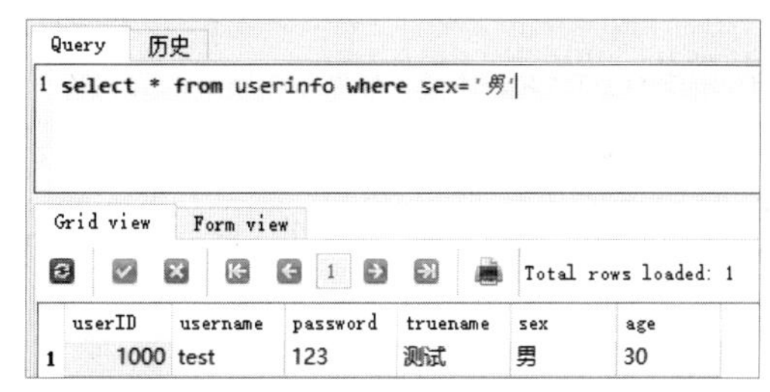

图 9-47 用 sql 语句筛选数据

可见，where 语句一般接在一个查询语句的最后面，其在 update/delete 语句中的位置也是如此。语句的一般顺序为 select 语句/update 语句/delete 语句 + where 语句。

- update 语句：用户信息表的数据更新。

在开发系统时，往往要给管理员或者用户一个对录入数据进行修改的渠道，便于修正由粗心导致的错误。其实，开发者在编写程序的过程中会不自觉地造成一些漏洞或者因测试不足导致数据错误。用户或管理员在对一些数据进行修改时，虽然不知道程序做了哪些操作，但从数据层面来看，本质上是执行了一个 update 语句。

使用 update 语句批量修改整个表，格式如下。

```
update 表名 set 字段名 1=值 1,字段名 2=值 2,…
```

使用 update 语句修改某些指定记录，结合 where 语句，格式如下。

```
update 表名 set 字段名1=值1,字段名2=值2,… where 语句表达式
```

接下来结合用户信息表使用 update 语句。

现在有这样一个场景，发现用户编号为 1000 的记录的真实姓名写错了，真实姓名应该是“张三”。数据库管理员需要通过 sql 语句对数据进行修改，语句如下。

```
update userInfo set truename='张三' where userID=1000;
```

在执行修改姓名的语句后查看数据，如图 9-48 所示。

	userID	username	password	truename	sex	age
1	1000	test	123456	张三	男	30
2	1001	ljy	123456	老刘	女	40

图 9-48　在修改数据后查看数据

- delete 语句：用户信息表的数据删除。

在录入信息时可能会有很多处错误的录入，需要先删除之前已经录入的数据，再重新进行录入。此时需要使用 delete 语句来实现数据的删除。

使用 delete 语句删除某些指定的用户信息，结合 where 语句，格式如下。

```
delete from 表名 where 语句表达式
```

清空整个表数据，语法格式非常简单，只要不加 where 语句，就会清空整个表数据，格式如下。

```
delete from 表名
```

例如，清空用户信息表，sql 语句如下。

```
delete from userInfo;
```

注意：在 SQLiteStudio 工具中使用 sql 语句操作的好处是最后的英文半角分号可以不加，相对比较灵活。

（4）用 Python 编程操作 sqlite 数据库。

sqlite3 模块是 Python 的内置模块，因此无须下载，直接导入即可。

操作步骤如下。

第一步：导入 sqlite3 模块。

```
import sqlite3
```

第二步：创建数据库连接。

```
数据库连接对象 = sqlite3.connect('数据库文件')
```

第三步：创建 cursor 游标对象。

```
游标对象变量 = 数据库连接对象.cursor()
```

第四步：利用 execute 构造需要执行的 SQL 语句。

```
游标对象变量.execute(SQL 语句, 替换参数)
```

第五步：提交 SQL 语句执行到数据库。

```
游标对象变量.commit()
```

第六步：关闭数据库。

```
数据库连接对象.close()
```

2. 利用内置 csv 模块操作 csv 文件

csv 文件是常见的数据存储格式，该文件也可以用 Excel 打开，并以 Excel 表格的形式呈现。当数据以 cvs 文件的形式存储时，用户可以利用 Python 标准库中的 csv 模块对其进行读写，这样就不需要安装第三方库了。

csv 库支持使用 reader()方法读取文件对象，使用 writer()方法返回对象的 writerows，以及使用 writerow()方法写入数据。文件对象的操作借助 with()和 open()方法即可实现。

对于 csv 文件的增删改查，可以利用 csv 模块来读写普通的文件对象，而查询定位某个数据则是通过遍历列表的方式匹配相关数据实现的。

编程练习

例 9-3-1：工程师刚开发好一个新的系统，需要让用户进行测试，有多位用户在第一次注册时的密码是乱填的，经过一轮测试后，系统的 bug 已经修复，现在需要用户再次进行测试，但是有些用户不记得密码了，需要管理员进行重置。在这里直接使用 update 语句，将用户的密码全部重置为 123456。

【解题思路】

1. 新的系统需要多次测试，往往需要将一些数据进行初始化。
2. 利用 update 语句直接操作数据，但要注意数据备份。
3. 养成良好的数据备份习惯，有助于降低操作风险。
4. 在使用 update 语句后，发现所有用户的密码都被重置了！需要注意的是，由于密码字段是文本类型的，所以需要将重置的新密码加上单引号，表示文本类型数据。

重置用户信息表中的密码，sql 语句如下。

```
update userInfo set password='123456';
```

在修改密码后，使用 select 语句进行查询，如图 9-49 所示。

	userID	username	password	truename	sex	age
1	1000	test	123456	测试	男	30
2	1001	ljy	123456	老刘	女	40

图 9-49　查询修改密码后的数据

例 9-3-2：工程师发现原来的用户信息表中录入了一个 ljy 的账户，真实姓名为“老柳”，现在想要删除这个用户编号（主键）为 1001 的用户数据，待删除数据后录入新的正确的数据。

【解题思路】

第一步：删除错误的用户信息。

删除用户编号为 1001 的记录，sql 语句如下。

```
delete from userInfo where userID=1001;
```

第二步：查询删除后的数据。

单击 userInfo 表，查询最新数据，如图 9-50 所示。

	userID	username	password	truename	sex	age
1	1000	test	123456	张三	男	30

图 9-50　删除后的数据

第三步：录入正确的数据，sql 语句如下。

```
insert into userinfo values(1003,'ljy','1234','老柳','女',40)
```

第四步，查询录入后的最新数据情况，如图 9-51 所示。

	userID	username	password	truename	sex	age
1	1000	test	123456	张三	男	30
2	1003	ljy	1234	老柳	女	40

图 9-51　最新数据

思维训练

例 9-3-3：利用数据库 ljydb.sqlite3，编写一个 Python 程序，查询并输出用户信息表中的所有数据。

【解题思路】

1．导入 sqlite3 模块。

2．连接 sqlite3 数据库文件。

3．利用游标 cursor 来创建查询对象。

4．利用 execute()方法载入 sql 语句。

5．使用 fetchall()方法查询所有相关数据。

程序参考代码如下。

```
#导入模块
import sqlite3
#创建连接
conn=sqlite3.connect("ljydb.sqlite3")
#创建游标
mycur=conn.cursor()
#创建查询命令
mycur.execute('select * from userinfo')
#获取查询结果
myquery=mycur.fetchall()
#打印数据查询结果
print(myquery)
```

开发者在查询数据后，就可以利用循环来将数据输出到程序中了。同理，其他的 sql 语句也可以使用 execute()方法来执行。

例 9-3-4：创建一个 csv 文件，表头为科目和成绩，自定义传入四个科目和成绩。

【解题思路】

1．载入 csv 模块。

2．利用 with 关键词，自动释放打开的文件。

3．使用 open()方法打开文件并使用 writerow()方法写入数据。

4．在写完数据后，使用 csv 模块中的 reader()方法，尝试读取该文件中的数据。

程序参考代码如下。

```
#导入模块
import csv
#打开 csv 文件
with open('ljydata.csv','w',newline='') as f:
    #初始化写入对象
    mywriter=csv.writer(f)
    #写入表头
    mywriter.writerow(['科目','成绩'])
    #批量写入内容
    #准备数据
    scorelist=[['语文',90],['数学',100],['编程',99],['体育',95]]
    #批量写入
    mywriter.writerows(scorelist)
```

```
#读取 ljydata.csv 中的数据
with open('ljydata.csv','r') as f2:
    #读取数据
    mydata=csv.reader(f2)
    #将数据转为列表类型后输出
    print(list(mydata))
```

在执行上述代码后，会在程序目录下生成了一个名为“ljydata.csv”的新文件，双击该文件，会自动使用 Excel 打开，如图 9-52 所示。

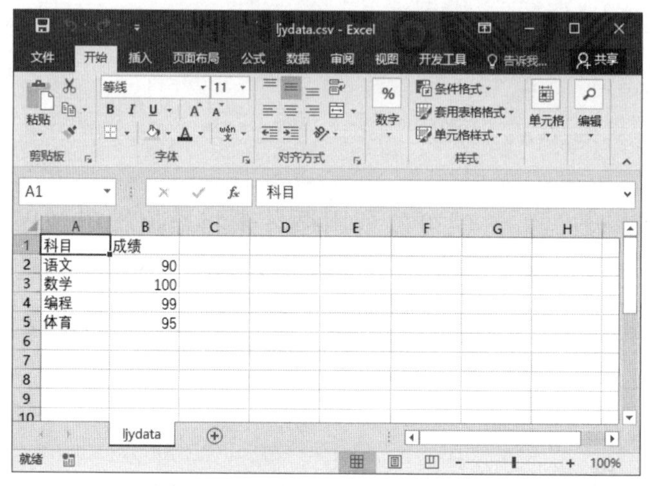

图 9-52　写入 Excel 中的数据

9.4　实战 1 游戏进度条开发

任务要求

利用 pygame 的基本框架开发一个游戏进度载入的程序，要求如下。

1．显示游戏加载进度百分比。

2．显示蓝色游戏进度条。

3．进度条的宽度要与窗体匹配，并能根据百分比显示长度。

任务准备

本任务利用 pygame 模块中的 filp()方法实现刷新。update()方法不同于 flip()方法，它只针对当前发生变化的部位进行刷新，而非整个界面。

通过进度条结合时钟控制帧的变化，实现加载速度的刷新。为了有更好的刷新效果，一般按照每秒 60 帧进行计算。

任务分析

1．载入游戏基本框架。

2．利用 pygame 库中 image 类的 load()方法，为窗体图标载入图片。

3．创建时钟对象，利用一个变量控制进度条的增加频率。

4．在每次加载进度条后，都需要对界面进行刷新。

任务实施

```
#导入pygame 模块
from pygame import *

#初始化pygame 库
init()
#配置并初始化游戏窗体大小
game_width=400 #窗体宽度定义
game_height=300 #窗体高度定义
mygamefrm=display.set_mode((game_width,game_height)) #设置窗体
#配置窗体图标
myicon=image.load('ljylogo.ico') #获取图标对象
display.set_icon(myicon) #设置窗体图标
#设置游戏窗体标题
display.set_caption("我的游戏窗体--LJYBC 案例")

#游戏载入进度条控制的两个变量
progresstime=0 #进度条增加频率
gameLoadPercent=0 #每运行一次，进度加1

#创建时钟对象
myclock=time.Clock()

#设置游戏运行状态
running=True
#游戏核心循环代码
while running:
    #游戏事件监听
    for e in event.get(): #遍历游戏窗体上的所有事件
        if e.type==QUIT: #检测到游戏窗体退出事件，也就是单击了窗体右上角的关闭按钮
            running=False #设置游戏停止运行

    #渲染游戏场景，也就是绘制游戏界面
    #游戏背景默认为黑色，现在将它填充为白色
```

```
    mygamefrm.fill(color=(255,255,255))
    #加载游戏控件资源等逻辑代码
    #载入游戏进度
    #每秒输出一次
    #进度条显示文字，默认使用系统字体，大小为20
    myfont=font.Font(r'C:\Windows\Fonts\msyh.ttc',20)
    #控制进度条频率
    progresstime+=1
    if progresstime==1:
        #游戏进度条百分比控制
        if gameLoadPercent<100:
            gameLoadPercent+=1 #根据进度条频率变量progresstime，进度条百分比每一秒
增加60
            mytxt = myfont.render(f'加载进度：
{gameLoadPercent}%',True,(0,0,0))
            #渲染进度文字
        #开始绘制文字
        mygamefrm.blit(mytxt, (10, game_height / 2 - 30))
        #用蓝色矩形绘制进度条
        draw.rect(mygamefrm,(0,0,255),Rect((10,game_height/2,(game_width-20)*
gameLoadPercent/100,10)))
        #控制频率使用
        progresstime=0 #重置变量

    #更新游戏界面
    display.flip()

    #控制游戏帧率为60帧每秒
    myclock.tick(60)

#退出游戏，释放所有pygame模块
quit()
```

程序运行效果如图 9-53 所示。

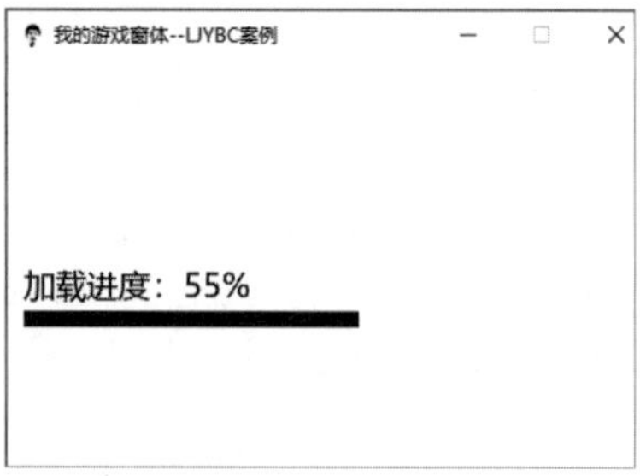

我的游戏窗体--LJYBC案例

加载进度：55%

图 9-53　进度条效果

9.5　实战 2 汽车过境红绿灯模拟

红绿灯模拟调试

任务要求

通过 tkinter 库开发一个小程序，效果如图 9-54 所示，功能如下。

图 9-54　软件效果

- 基本的可视化窗体。
- 用图片载入小车。
- 通过单击按钮控制小车移动。
- 红灯保持 3 秒。
- 控制硬件的红绿灯。
- 在硬件的红灯亮时小车会自动停止。
- 在硬件的绿灯亮时小车会自动启动。

任务准备

软件可视化界面开发的基本步骤如下。

第一步：导入 tkinter 库，该库是 Python 自带的，无须下载。

```
import tkinter
```

第二步：实例化 Tk 对象。

```
窗体对象变量=Tk()
```

第三步：设置窗体标题。

```
窗体对象变量.title(标题文本)
```

第四步：设置窗体的大小、位置。

```
窗体对象变量.geometry("宽×高+水平坐标+垂直坐标")
```

第五步：设置窗体图标。

```
窗体对象变量.iconbitmap(ico 图片路径和名称)
```

第六步：让窗体停留（死循环），等待处理事件。

```
窗体对象变量.mainloop()
```

软件界面控件需要绑定与程序相关的事件，通过 bind()方法来绑定事件。

使用 bind()方法绑定事件的格式如下。

```
控件名称.bind(事件类型，功能函数)
```

例如，绑定右键事件，示例代码如下。

```
ljybtn.bind("<Button-3>",ljybtn_callback)
```

第二个参数 ljybtn_callback 表示一个自定义事件，通过事件绑定功能函数的方式也叫作事件的回调方法。通过 bind()方法绑定的功能函数要有一个参数，这里使用 e 表示 event 事件，包含当前触发的事件信息。自定义函数的代码如下。

```
def ljybtn_callback(e):
    print("恭喜成功实现点击了按钮！ ")
```

点击事件的事件参数如下。

- <Button-1>：表示左键。
- <Button-2>：表示中键。
- <Button-3>：表示右键。

常用键盘事件的绑定使用按键事件参数：<Key>，语法格式如下。

```
ljybtn.bind("<Key>",ljybtn_callback) #绑定事件
ljybtn.focus_set()  #设置焦点
```

获取按键的值，使用 char 属性即可。在绑定事件中，按以下格式接收值。

```
def ljybtn_callback(e):
    print(e.char)
```

注意：必须设置绑定事件的焦点。只有拥有焦点，才能执行键盘事件。

对于硬件的控制，只需要掌握灯的开关即可。例如，实现绿灯的开关，代码如下。

```
myserial.hardwareSend(HardwareType.led,HardwareCommand.control,HardwareOper
ate.LEDGREENON)  #打开绿灯
sleep(2)
myserial.hardwareSend(HardwareType.led,HardwareCommand.control,HardwareOper
ate.LEDGREENOFF) #关闭绿灯
sleep(2)
```

任务分析

1．分析需求，先实现软件界面的开发，再通过软件界面联动硬件。

2．实现软件界面的初始化，载入图片控件和按钮控件。

3．利用控件的 after()方法实现递归控制小车图片的移动。

4．利用 bind()方法绑定按钮的点击事件。

5. 在点击事件内通过对一个全局变量的控制来判断是否继续利用 after()方法实现递归。

任务实施

```
from tkinter import  *
#窗体界面
myform=Tk()
myform.title("交通红绿灯软硬件模拟-刘金玉编程")
myform.geometry("600x200+100+100")
#小车控件
car=PhotoImage(file="scar.PNG")
lblcar=Label(myform,image=car)
lblcar.place(x=0,y=30)

#添加时钟控件的用法
def carDrive():
    global carX
    global carStop
    carX=carX+1
    if carX>600:
        carX=0
    lblcar.place(x=carX, y=30)
    #函数内部调用，实现循环定时调用
    if not carStop:
        lblcar.after(10,carDrive)
carX=0
lblcar.after(10,carDrive)
carStop=False #表示是否停止

#按钮控制
btnLed=Button(text="红灯 3 秒")
btnLed.place(x=10,y=160)

#单击按钮，让车子在 3 秒后 carStop 的状态变为 False
def changeCarState():
    global carStop
    carStop=False
```

```
    lblcar.after(10, carDrive)
#单击红灯 3 秒按钮后的执行函数
def btnLed_callback(e):
    global carStop
    print("红灯 3 秒")
    carStop=True
    btnLed.after(3000,changeCarState)

#按钮事件的绑定
btnLed.bind("<Button-1>",btnLed_callback)
myform.mainloop()
```

本章小结

本章通过 tkinter 库、pygame 库、matplotlib 库等实现软件的 GUI 界面可视化开发。可视化开发可以让用户更好地与开发的软件程序进行交互，并让数据通过界面图形化表示得更加灵活和生动。

第10章

综合项目开发

光照强度联动

学习目标

- 了解项目需求分析的基本思路和步骤
- 了解程序设计的思路和方法
- 熟练掌握 Python 的知识点的综合运用

学习重点和难点

- 对复杂的问题进行分析，合理地组织代码结构
- 将 Python 的知识点应用于综合项目的开发中
- 综合项目的调试和测试，优化代码的性能

思维导图

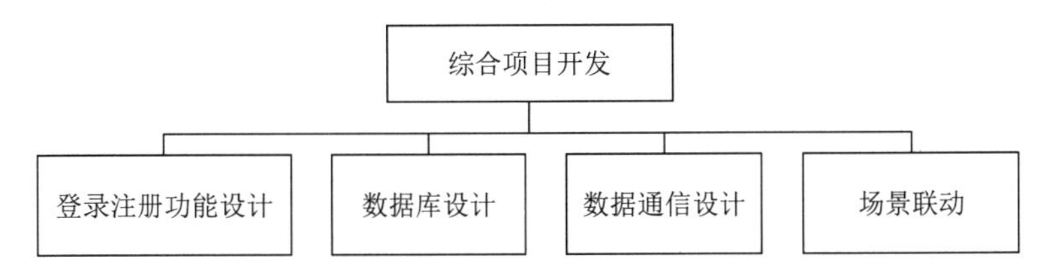

本章导论

在学习 Python 的过程中，综合知识点的运用是重点和难点。本章将综合前面所学的 Python 基础知识，如 for 循环、while 循环、条件选择、数据库、多线程、界面开发、数据通信等，进行实际项目开发，以智能家居控制系统为例，帮助读者熟练掌握知识点的实际应用。通过对本章的学习，读者不仅能了解项目开发的基本流程和注意事项，还能为未来的学习和工作打下坚实的基础。

10.1 项目需求

智能家居是物联网典型的落地应用场景之一。智能家居是指利用物联网、智能化技术，将家庭设备和家居系统联网，实现智能化、自动化的家居生活方式。智能家居包括智能照明、智能安防、智能家电、智能家居控制系统等多种设备和系统。通过智能家居可以实现远程控制、智能化预约、语音控制、自动化控制等功能，提高家居生活的舒适度、便利性和安全性。智能家居也是未来智能化生活的重要组成部分。

以硬件平台为载体，使用 Python 进行智能家居控制系统的开发，包含用户管理、通信、环境参数采集、设备控制及场景控制等功能，具体需求如下。

1. 用户管理模块：实现用户注册、登录等功能，确保系统的安全性和稳定性。

2. 通信模块：系统自动查找当前电脑上的可用串口，建立电脑与硬件平台的数据通信，确保系统数据传输的准确性和实时性。

3. 环境参数采集模块：使用传感器采集室内温度、湿度、光线等环境数据，并通过 Python 程序实现数据的实时显示和存储。

4. 设备控制模块：实现对智能家居设备的控制，包括灯光、窗帘、空调、音响等设备的开关和状态控制。

5. 场景控制模块：实现智能场景的控制，如“回家模式”“离家模式”等场景，通过一键启动，自动完成设备的控制和环境参数的设置。

10.2 项目设计

一、系统框架设计

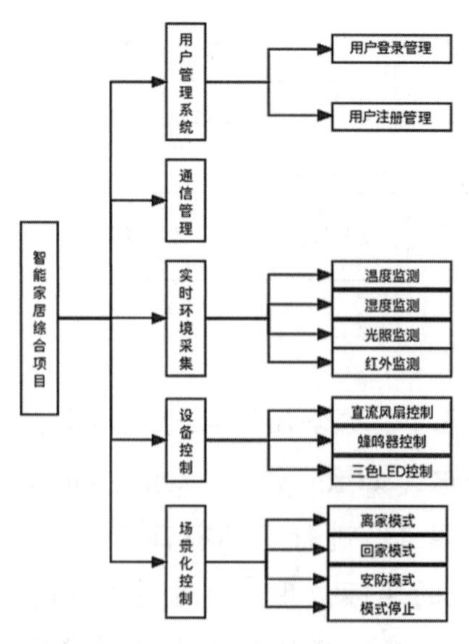

图 10-1 智能家居系统框架

二、程序功能设计

1. 用户登录窗口

图 10-2 用户登录窗口

用户登录窗口如图 10-2 所示，具体需求如下。

（1）系统具有登录窗口，窗口标题为“用户登录”，设置窗口 logo。

（2）每次启动登录窗口都显示随机背景图片，并在背景图片上方显示开发公司的名称。

（3）登录窗口具有用户名和密码输入框，为保证系统安全性，密码输入框要以密文形式显示。

（4）登录窗口具有“注册”和“登录”按钮，在单击“注册”按钮后进入注册窗口。

（5）单击“登录”按钮，首先检查用户名和密码是否为空，如果为空则弹出提示“用户名和密码不可为空”；将输入的用户名和密码与数据库中存储的用户名和密码进行比对，若比对成功则弹出提示“登录成功”，提示框标题为“登录提示”，单击提示框中的“确定”按钮，进入主窗口，否则提示“密码错误”。

2. 用户注册窗口

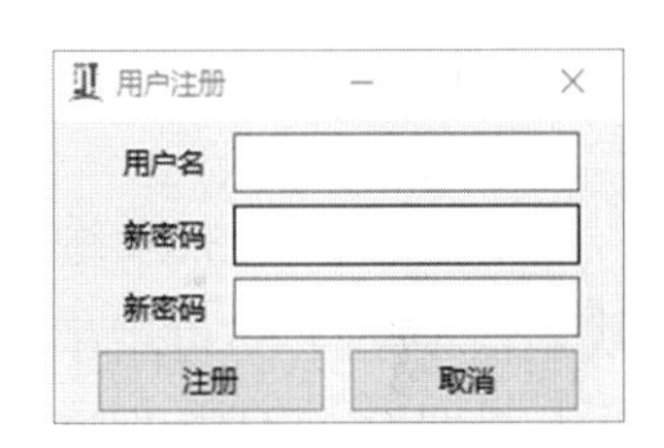

图 10-3 用户注册窗口

用户注册窗口如图 10-3 所示，具体需求如下。

（1）注册窗口的窗口标题为“用户注册”，设置窗体 logo。

（2）注册窗口具有用户名、新密码、确认新密码输入框，为保证系统安全性，密码输入框要求以密文形式显示。

（3）在注册窗口中，当用户名或密码为空时，弹出提示“用户名或密码不可为空”，提示框标题为“注册提示”；当两次输入密码不一致时，弹出提示“两次密码不一致”，提示框标题为“注册提示”。

（4）将前面输入的用户名与数据库中存储的用户名进行比对，若数据库中已经存在该用户名，则弹出提示“用户名已被注册”，提示框标题为“注册提示”；若用户不存在，则将注册窗口中输入的用户名和密码写入数据库进行存储。

（5）单击“取消”按钮，关闭注册窗口。

3. 系统主窗口

（1）设置主窗口的窗口标题为“智能家居综合项目”，设置窗体 logo。

（2）设置主窗口的大小和位置：大小为 600 像素×500 像素，位于屏幕的(500,200)坐标位置。

（3）设计主窗口的功能布局：共三块区域，分别是串口查找及选择区域、环境参数采集及设备控制区域和场景化模式选择区域，三块区域分别对应三个 Frame 布局容器，如图 10-4 所示。

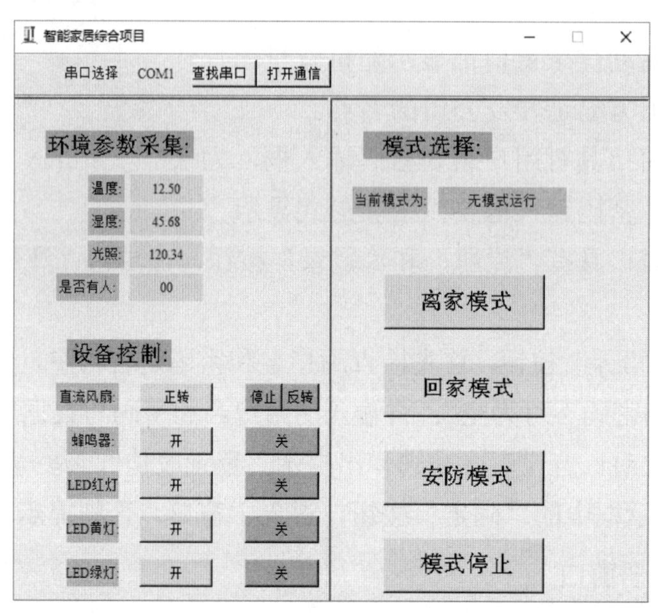

图 10-4　系统主窗口

（4）串口查找及选择区域功能设计：单击“查找串口”按钮，系统自动查找当前电脑上的可用串口，并显示在窗口上；单击“打开通信”按钮，建立电脑与硬件平台的数据通信。

（5）环境参数采集及设备控制区域功能设计：实时采集温度、湿度、光照、是否有人数据，并在窗口上实时刷新数据。通过单击直流风扇的“正转”“停止”“反转”按钮，控制直流风扇进行相应的正转、停止、反转操作。通过单击蜂鸣器的“开”和“关”按钮，实现对蜂鸣器的开启和关闭操作。通过单击 LED 红灯的“开”和“关”按钮，实现对红色 LED 灯的开启和关闭操作。通过单击 LED 黄灯的“开”和“关”按钮，实现对黄色 LED 灯的开启和关闭操作。通过单击 LED 绿灯的“开”和“关”按钮，实现对绿色 LED 灯的开启和关闭操作。

（6）场景化模式选择区域功能设计：通过单击该区域中的“离家模式”按钮，使系统进入离家模式，控制设备的 LCD 显示屏显示当前运行模式，关闭三种颜色的 LED 灯，直流风扇反转 4 秒来模拟关闭窗帘的操作。通过单击该区域的“回家模式”按钮，使系统进入回家模式，控制设备的 LCD 显示屏显示当前运行模式，打开三种颜色的 LED 灯，直流风扇正转 4 秒来模拟打开窗帘的操作。通过单击该区域的“安防模式”按钮，使设备进行安防模式，控制设备 LCD 显示屏显示当前运行模式，并实时检查是否有人，当有人时，打开蜂鸣器报警；当没有人时，关闭蜂鸣器；当有人或者无人状态不发生变化时，只向设备发送一次命令。通过单击“模式停止”按钮，使系统进入无场景模式。窗口上需要显示当前正在运行的模式名称。

10.3　程序代码实现

1. 程序入口代码

```
1.  # coding: utf-8
2.  from MainWindow import MainWindow
3.
4.  if __name__ == '__main__':
```

2. 登录、注册窗口功能代码

```
1.  # coding: utf-8
2.  import sqlite3
3.  import random
4.  import tkinter.ttk
5.  import tkinter.messagebox
6.
7.  from Status import Status
8.
9.
10. class LoginWindow:
11.     def __init__(self, rootfrommain):
12.         super().__init__()
13.         global root
14.         root = rootfrommain  # 打开主窗口，控制登录成功显示
15.         global login
16.         login = tkinter.Toplevel(root)  # 创建登录窗口
17.         login.title('用户登录')  # 登录窗口的标题
18.         login.iconbitmap("res/logo.ico")  # 窗体图标，注意图标路径
19.         login.geometry('250x200+750+350')  # 登录窗口的大小及位置
20.         login.resizable(False, False)  # 设置登录窗口的大小不可改变
21.         login.protocol("WM_DELETE_WINDOW", self.main_close)
    # 关闭登录窗口的同时关闭主窗口
22.         global image
23.         image = tkinter.PhotoImage(
```

```
24.             file='res/logo0%s.png' % random.randint(0, 5))   # 随机选取一
个图片
25.         tkinter.Label(master=login, image=image, bd=0, text='俊腾科技',
compound='center', font=('华文行楷', 30),
26.                       fg='yellow').place(width=250, height=100)   # 创建一
个图片标签
27.         tkinter.Label(login, text='用户:').place(width=50, height=25,
x=20, y=105)  # "用户:"文字标签
28.         tkinter.Label(login, text='密码:').place(width=50, height=25,
x=20, y=135)  # "密码:"文字标签
29.         (name := tkinter.ttk.Entry(login)).place(width=160, height=25,
x=70, y=105)  # 用户名输入框
30.         (password := tkinter.ttk.Entry(login, show='•')).place(width=160,
height=25, x=70, y=135)  # 密码输入框
31.         tkinter.ttk.Button(login, text='注册', command=lambda:
self.toplevel_register()).place(width=100,height=28,x=20, y=166)  # 注册按钮
32.         tkinter.ttk.Button(login, text='登录', command=lambda:
self.test_for_password(name.get(), password.get())).place(width=100, height=
28, x=130, y=166)  # 登录按钮
33.
34.     # 关闭主窗口
35.     @staticmethod
36.     def main_close():
37.         login.quit()
38.
39.     # 注册窗口
40.     def toplevel_register(self):
41.         global register
42.         register = tkinter.Toplevel(login)   # 创建注册窗口
43.         register.title('用户注册')  # 注册窗口的标题
44.         register.iconbitmap("res/logo.ico")   # 窗体图标，注意图标路径
45.         register.geometry('250x125+500+300')   # 注册窗口的大小及位置
46.         register.resizable(False, False)   # 设定注册窗口的大小不可改变
47.         tkinter.Label(register, text='用户名').place(width=50,
height=25, x=25, y=5)  # "用户名"文字标签
48.         tkinter.Label(register, text='新密码').place(width=50,
height=25, x=25, y=35)  # "新密码"文字标签
49.         tkinter.Label(register, text='重复新密码').place(width=50,
height=25, x=25, y=65)  # "重复新密码"文字标签
50.         (registerName := tkinter.ttk.Entry(register)).place(width=150,
height=25, x=80, y=5)  # 新用户名输入框
```

```
51.         (registerPassword := tkinter.ttk.Entry(register, show='●'))
.place(width=150, height=25, x=80,y=35)  # 新密码输入框
52.         (registerPassword_ := tkinter.ttk.Entry(register, show='●'))
.place(width=150, height=25, x=80,y=65)  # 重复密码输入框
53.         tkinter.ttk.Button(register, text='注册', command=lambda:
self.register_user(registerName.get(),registerPassword.get(),
registerPassword_.get())).place(width=100, height=27, x=20, y=94)  # 注册按钮
54.         tkinter.ttk.Button(register, text='取消', command=register.destroy).
place(width=100, height=27, x=130,y=94)  # 登录按钮
55.
56.     def register_user(self, registerName, registerPassword,
registerPassword_):
57.         if not (registerName and registerPassword):  # 用户名或密码为空
58.             tkinter.messagebox.showwarning('注册提示', '用户名或密码不可为空！')
59.         elif registerPassword != registerPassword_:  # 两次密码不一致
60.             tkinter.messagebox.showwarning('注册提示', '两次密码不一致！')
61.         elif self.verify_db(registerName, registerPassword):
62.             # 用户名已被注册
63.             tkinter.messagebox.showerror('注册提示', '用户名已被注册！')
64.         else:  # 注册成功
65.             self.register_db(registerName, registerPassword)
66.             tkinter.messagebox.showinfo('注册提示', '注册成功！')
67.             register.destroy()  # 关闭注册窗口
68.
69.     # 密码验证窗口
70.     def test_for_password(self, name, password):
71.         if not (name and password):  # 用户名或密码为空
72.             tkinter.messagebox.showwarning('登录提示', '用户名或密码不可为空！')
73.         elif self.verify_db(name, password):
74.             # 登录成功
75.             Status.LoginStatus = True  # 登录成功将登录标志位赋值为True
76.             tkinter.messagebox.showinfo('登录提示', '登录成功！')
77.             login.destroy()  # 摧毁登录窗口
78.             root.deiconify()  # 显示主窗口
79.
80.         else:  # 用户名或密码错误
81.             tkinter.messagebox.showerror('登录提示', '密码错误')
82.             # MainWindow.root.quit()  # 退出窗口
83.
84.     # 注册写入数据库
85.     @staticmethod
86.     def register_db(name, pswd):
```

```
87.         conn = sqlite3.connect('res/mysqlite3db.db')   # 连接数据库
88.         cursor = conn.cursor()
89.         # 插入数据
90.         sql = ''' insert into usertable (name, password)values
(:st_name, :st_password)'''
91.         cursor.execute(sql, {'st_name': name, 'st_password': pswd})
92.         conn.commit()
93.
94.     # 密码输入数据库进行验证
95.     @staticmethod
96.     def verify_db(name, pswd):
97.         conn = sqlite3.connect('res/mysqlite3db.db')   # 连接数据库
98.         cursor = conn.cursor()
99.         # 查看数据
100.            sql = '''select * from usertable'''
101.            results = cursor.execute(sql)
102.            # 数据库返回结果到 results 变量中
103.            allAccount = results.fetchall()
104.            verificationStatus = False
105.            # 和数据库中的用户名密码逐一比对
106.            for element in allAccount:
107.                if element[0] == name and element[1] == pswd:
108.                    verificationStatus = True
109.                    break
110.            conn.commit()
111.            cursor.close()
112.            if verificationStatus:
113.                return True
114.            else:
115.                return False
```

3. 公有状态代码

```
1.  # coding: utf-8
2.  # 公有变量使用类
3.  class Status:
4.      LoginStatus = False   # 登录状态，默认为 False，登录成功为 True
5.      serialStatus = False   # 串口打开状态标志
6.      modelStatus = 0   # 模式状态
```

4. 主窗口功能代码（详见教材配套电子资源）

10.4　功能结果调试

上述代码运行结果如图 10-5 所示，主窗口正在采集数据。

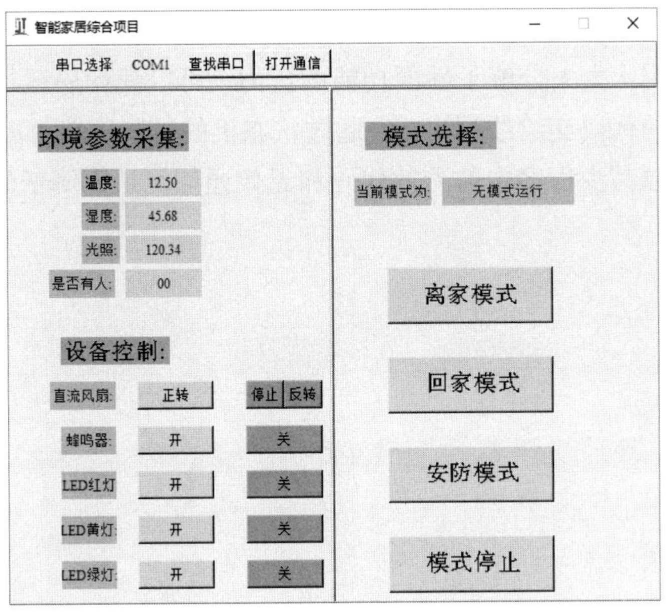

图 10-5　主窗口正在采集数据

更多功能演示详见教材配套电子资源。（放置一个二维码）

本章小结

本章是前面所有章节知识点的一个综合运用，采用面向对象的设计思路，对程序功能进行分析，划分出用户登录功能、用户注册功能、sqlite3 数据库读写功能、传感器数据读取功能、传感器设备控制功能、主窗口搭建功能等模块。

在本章综合项目代码的设计过程中，首先需要注意程序开发的一些基本规范，如变量命名、函数方法命名和类命名，需要遵循命名规范，一般使用驼峰命名法，大驼峰和小驼峰都可以，在变量命名时一般建议用小驼峰，配合集成开发环境的代码提示功能，编写代码会更加便捷。

除了基本规范，还需要重点考虑程序代码的耦合性，一般的程序按照耦合性的思路设计，使各个功能代码之间通过接口、函数或者方法进行调用，而不是复制某个功能的代码块。这样程序最终的健壮性和可扩展性都会大大提升。

在本章的项目中，因为存在界面和后台代码，所以在进行程序设计时，需要将界面代码和后台功能代码分离，在使用时尽量利用 Python 自带的机制，如事件、定时器等方式进行调用，不建议直接在界面代码中开发后台功能。

本章项目使用了多线程、状态机等机制，使程序具有更强的健壮性，特别是多线程的运用，大大分解了界面功能的压力，可以使程序运行不卡顿，并将具有联动功能的代码交给线程运行。通过状态机的机制可以有效判断程序的运行状态，也可以减少程序中的无效代码和无效通信，从而降低硬件 CPU 资源的损耗。

反侵权盗版声明